ENSEIGNEMENT SUPÉRIEUR DE LA PHOTOGRAPHIE
(COURS PROFESSÉ A LA SOCIÉTÉ FRANÇAISE DE PHOTOGRAPHIE.)

LES
PAPIERS PHOTOGRAPHIQUES
AU CHARBON,

PAR

R. COLSON,

CAPITAINE DU GÉNIE,
RÉPÉTITEUR A L'ÉCOLE POLYTECHNIQUE.

PARIS,

GAUTHIER-VILLARS ET FILS, IMPRIMEURS-LIBRAIRES,

ÉDITEURS DE LA BIBLIOTHÈQUE PHOTOGRAPHIQUE,

55, Quai des Grands-Augustins.

—

1898

LES

PAPIERS PHOTOGRAPHIQUES

AU CHARBON.

5923 B. — PARIS, IMPRIMERIE GAUTHIER-VILLARS ET FILS,

55, quai des Grands-Augustins.

ENSEIGNEMENT SUPÉRIEUR DE LA PHOTOGRAPHIE

(COURS PROFESSÉ A LA SOCIÉTÉ FRANÇAISE DE PHOTOGRAPHIE.)

LES
PAPIERS PHOTOGRAPHIQUES
AU CHARBON,

PAR

R. COLSON,

CAPITAINE DU GÉNIE,

RÉPÉTITEUR A L'ÉCOLE POLYTECHNIQUE.

PARIS,

GAUTHIER-VILLARS ET FILS, IMPRIMEURS-LIBRAIRES,

ÉDITEURS DE LA BIBLIOTHÈQUE PHOTOGRAPHIQUE,

55, Quai des Grands-Augustins.

1898

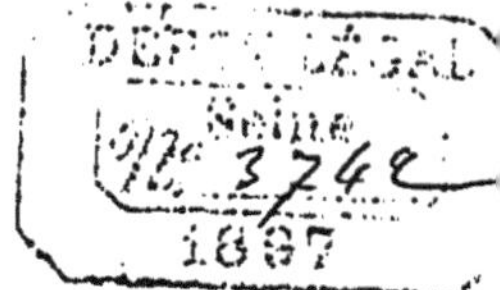

PRÉFACE.

Les papiers au charbon jouissent de deux propriétés qui leur assurent un grand avenir et qui intéressent non seulement l'amateur et le professionnel, mais encore et tout particulièrement les Services qui ont à conserver dans leurs archives des reproductions obtenues par voie photographique. Si, par le rendu des noirs, par la profondeur des effets, ils se prêtent admirablement à toutes les exigences de l'art, ces papiers promettent aussi aux images une conservation pour ainsi dire indéfinie, considération capitale au point de vue documentaire.

En raison de ces précieux avantages, j'ai pensé qu'il n'était pas inutile de réunir et de commenter les principaux documents originaux relatifs aux papiers au charbon. On y trouvera, en même temps que l'historique de la question, des détails techniques peu connus qui peuvent éviter bien des tâtonnements et contribuer à de nouveaux perfectionnements

Cet Ouvrage est divisé en sept Chapitres, dont le plan est indiqué dans l'Introduction; il forme le développement d'une Conférence faite en avril 1897 à la *Société française de Photographie*.

LES
PAPIERS PHOTOGRAPHIQUES
AU CHARBON.

INTRODUCTION.

La conservation des images photographiques reproduites sur papier présente une très grande importance, et nous ne saurions mieux faire que de citer ici le texte même du programme exposé magistralement en 1856 par l'illustre physicien Regnault, alors président de la Société française de Photographie, au sujet du prix proposé par le duc de Luynes pour récompenser un procédé inaltérable (¹) :

« Une des applications les plus intéressantes de la Photographie est la reproduction fidèle et incontestable des monuments et documents historiques ou artistiques que le temps et les révolutions finissent toujours par détruire. Depuis les immortelles découvertes de Niepce, Daguerre et Talbot, les archéologues se sont vivement préoccupés de cette importante application, qui doit fournir des éléments si précieux aux siècles futurs. Mais, pour que la Photographie puisse réaliser les grandes espérances qu'elle a fait concevoir sous ce rapport, il faut, avant tout, que l'on soit certain de la conservation indéfinie des épreuves. Malheureusement, l'expé-

---

(¹) *Bulletin de la Société française de Photographie*, juillet 1856.

C.

1

rience de la première période photographique que nous venons de traverser est loin d'être rassurante à cet égard : beaucoup d'épreuves qui n'ont que quelques années d'existence sont aujourd'hui profondément altérées; quelques-unes se sont complètement effacées. Les photographes, justement alarmés d'un état de choses qui compromet gravement le développement merveilleux que leur art a pris en si peu de temps, se livrent aujourd'hui, à l'envi, à la recherche des causes qui ont déterminé une altération si rapide, et des nouveaux procédés de tirage qui assurent une plus longue durée aux épreuves.

» Les sociétés photographiques ont enregistré, depuis quelques années, un grand nombre de procédés de fixage des épreuves positives, que leurs auteurs présentent comme devant en assurer la conservation indéfinie. Elles ont pu constater que des perfectionnements importants avaient été réalisés, en effet, par rapport aux premiers procédés de tirage auxquels on s'était arrêté; et il y a lieu d'espérer que les efforts persévérants d'un si grand nombre d'opérateurs zélés, intelligents et instruits en amèneront prochainement de plus grands encore. Mais la conservation indéfinie des épreuves photographiques ne peut être prouvée que par l'expérience de plusieurs siècles; les archéologues hésiteront à confier les sujets de leurs études à un art dont les produits ne leur présenteront pas des garanties suffisantes de durée, et ne se fieront pas aux promesses qui leur seront faites à cet égard, de quelque autorité qu'elles émanent, quand le temps n'aura pu en donner une consécration incontestable.

» La connaissance que nous avons aujourd'hui des propriétés physiques et chimiques des corps suggère des objections dont le temps pourra seul préciser la portée.

» Les éléments chimiques qui constituent le dessin d'une épreuve positive existaient, primitivement, à l'état de dissolution dans les liqueurs qui ont servi à la préparation photogénique des papiers. Ils sont donc solubles dans des réactifs chimiques appropriés; et, bien que l'on puisse admettre que, dans les conditions où les épreuves seront conservées, elles ne se trouveront pas exposées à des agents semblables, aucun chimiste ne peut assurer qu'une altération analogue de ces substances ne pourra pas être produite, dans la suite des temps, par des agents bien moins énergiques, que l'air pourra leur présenter, ou qui pourront se développer en quantité très minime dans les espaces où les épreuves séjourneront. D'un autre côté, les quantités pondérables des métaux qui forment les noirs et les demi-teintes de nos épreuves sont extraordinairement petites, elles sont fixées sur le papier par des affinités très faibles. Aucun métal n'est absolument fixe aux hautes températures de nos foyers : et, quelque faible que l'on veuille supposer leur tension de vapeur aux températures ordinaires, ne peut-on pas craindre que la vaporisation seule finira par les dissiper? Les conditions dans lesquelles on conservera les épreuves dans les bibliothèques, c'est-à-dire reliées en livres ou superposées dans des cartons, ne faciliteront-elles pas cette altération, ainsi que plusieurs photographes ont cru le reconnaître sur les épreuves fixées par les anciennes méthodes, en présentant à chacune des molécules métalliques un grand nombre de particules de papier, semblables à celle sur laquelle elle se trouve fixée, et qui peuvent en faciliter la diffusion ?

» Le carbone est, de toutes les matières que la Chimie nous a fait connaître, la plus fixe et la plus inaltérable à tous les agents chimiques aux températures ordinaires de notre atmosphère. Ce n'est qu'à des températures élevées, celle de la combustion vive, que le carbone disparaît en se combinant avec l'oxygène. La conservation des anciens manuscrits nous prouve que le charbon, fixé sur le papier à l'état de noir de fumée, se conserve sans altération pendant bien des siècles. Il est donc évident que si l'on parvenait à produire les noirs du dessin photographique par le charbon, on aurait pour la conservation des épreuves la même garantie que pour nos livres imprimés, et c'est la plus forte que l'on puisse espérer et désirer.... »

Ce problème comporte deux solutions : l'une est constituée par l'ensemble des tirages mécaniques aux encres grasses; l'autre, par les papiers au charbon, et c'est la seule dont nous nous occuperons ici.

Les procédés qui ont permis de réaliser ce désidératum ont eu pour résultat, d'une façon générale, de fixer sur papier le charbon ou des substances colorées inertes, en poudre fine, sous la désignation de *pigments,* par l'intermédiaire d'une matière agglutinante susceptible d'être modifiée par la lumière qui traverse le cliché.

Les variétés de ces procédés se classent en trois catégories :

1° Emploi du bichromate de potasse, ou autre, mélangé à une matière organique, gélatine ou gomme, que la lumière rend insoluble; les poudres qui y sont incorporées ou superposées sont enlevées dans les parties non impressionnées par la lumière, et restent sur le papier dans les parties impressionnées; c'est le *procédé par insolubilisation*.

2° Emploi d'une substance qui a la propriété soit de perdre, soit d'acquérir une surface poissante par l'action de la lumière; si l'on passe ensuite à sa surface une poudre fine, celle-ci se colle aux parties poissantes; c'est la *méthode par saupoudrage*.

3° Emploi d'une matière organique, la gélatine par exemple, qui a été préalablement coagulée par le perchlorure de fer et qui redevient soluble sous l'influence de la lumière en présence d'un réducteur comme l'acide tartrique; nous l'appellerons *procédé par solubilisation*.

Les procédés de la première catégorie sont exposés dans les Chapitres I, II, III, IV et VII; ceux de la deuxième, dans le Chapitre V; et ceux de la troisième, dans le Chapitre VI.

CHAPITRE I.

PREMIERS PAPIERS A BASE DE BICHROMATE,
A IMPRESSION DIRECTE.

Le chimiste français Vauquelin découvrit en 1798 le chrome et l'acide chromique et constata que le chromate d'argent, sel rouge carmin, devient plus foncé sous l'influence de la lumière.

En 1832, le professeur Suckow (¹) remarqua que les sels formés par l'acide chromique sont sensibles à la lumière, même en l'absence d'argent, au contact de substances organiques; il cite en particulier le sucre, mais sans en tirer de conséquence au point de vue photographique.

C'est en 1839 que l'Anglais Ponton fit connaître la coloration produite par la lumière sur un papier imprégné d'une dissolution de bichromate de potasse à saturation et séché rapidement; il suffit ensuite de laver à grande eau pour dissoudre les parties du sel qui n'ont pas été impressionnées et pour obtenir une image qui résiste à l'action ultérieure de la lumière : l'image est fixée.

L'insolubilisation de la gélatine par le bichromate de potasse sous l'influence de la lumière a été utilisée pour la première fois en 1852, par Fox Talbot (²), qui l'appliquait à la gravure sur acier; la gélatine bichromatée perdait ainsi sa solubilité dans l'eau chaude et sa perméabilité, et empêchait plus ou moins le mordant de pénétrer jusqu'à la planche d'acier.

Mais ce n'est que quelques années plus tard, en 1855, que nous trouvons dans Poitevin le véritable fondateur de l'impression photographique par les procédés pigmentaires au bichromate.

(¹) *Das Pigmentverfahren und die Heliogravure,* par le Dʳ EDEN (Vienne, 1896).

(²) *Comptes rendus des séances de l'Académie des Sciences,* 2 mai 1853.

Poitevin. — De ses recherches sur le mélange du bichromate avec les matières organiques solubles (¹), Poitevin n'a cherché à développer et à exploiter que la Photolithographie, dans laquelle il utilisait l'insolubilisation de l'albumine bichromatée par la lumière. Il a posé le principe du procédé au charbon sur papier en ajoutant le pigment au mélange de gomme, gélatine, etc., avec le bichromate, mais l'application en a été faite par d'autres. Voici, en effet, ce qu'on lit dans un rapport (²) présenté à la Société française en 1859, par M. Périer, au nom de la commission chargée de juger les procédés présentés pour le concours de Luyn es relatif aux papiers inaltérables :

« ... La source commune et première, le germe unique de tous les procédés parmi lesquels nous avons désigné ceux qui nous ont paru dignes de récompenses, c'est-à-dire de tous les procédés au carbone, c'est incontestablement celui de M. Poitevin, et, par conséquent, le père commun de tous ces inventeurs, c'est M. Poitevin.

» Quelques mots suffiront pour vous en convaincre.

» Dès le mois d'août 1855, M. Poitevin déposait à la préfecture de la Seine la description d'un procédé d'impression photographique. Le 15 février 1856, il vous l'apportait en le modifiant sur quelques points.

» Quelle était, en ce qui concerne le papier, cette méthode réduite à sa plus simple expression ? En août 1855, application sur le papier d'un mélange de bichromate de potasse, corps organique et matière colorante, le tout en une seule fois, avant l'insolation. En février 1856, application des mêmes substances, mais en deux opérations, savoir : le bichromate et le corps organique avant, et la matière colorante ou carbone après l'insolation.

» Dans les deux cas, lavage à l'eau pure, pour terminer et fixer l'épreuve.

» Si maintenant nous suivons l'ordre chronologique des présentations, que verrons-nous ?

(¹) Pour le détail des travaux de Poitevin, *voir* mon Ouvrage : *Mémoires originaux sur les Créateurs de la Photographie;* 1897 (Paris, Carré et Naud).

(²) *Bulletin de la Société française de Photographie,* mai 1859.

» M. Testud de Beauregard, en décembre 1857, vous communique un procédé dont voici le résumé :

» Emploi du bichromate de potasse, d'un corps organique et de la matière colorante (carbone). Seulement ici la préparation complète, qui toujours précède l'insolation, se sépare en deux : d'abord, immersion du papier dans le mélange de bichromate et du corps organique; séchage, puis extension du carbone. Après l'insolation, lavage à l'eau simple. La manipulation seule varie, le principe est identique.

» En janvier 1858, M. Sutton indique, dans les *Photographic Notes*, un moyen d'obtenir des positifs durables. C'est encore exactement, et sans doute à son insu, la méthode Poitevin, car on n'y trouve autre chose que ceci :

» Application sur le papier d'un mélange de bichromate de potasse, corps organique et charbon pulvérisé; séchage, insolation et lavage. De son chef, M. Sutton ajoute une solution alcaline pour éclaircir l'image, si besoin est.

» Le 10 avril 1858, M. Pouncy prend, en Angleterre, un brevet qui n'est publié qu'en novembre dans les *Photographic Notes* et dans notre *Bulletin* en décembre. Si nous en isolons les éléments constitutifs, nous retrouvons, tous comptes faits : application sur le papier d'un mélange de bichromate de potasse, gomme arabique et charbon végétal, en une seule manœuvre, avant l'insolation. Puis, lavage à l'eau pure.

» ... En sorte qu'on peut dire en toute vérité que, si M. Poitevin n'existait pas, chacun de ces Messieurs l'eût inventé. »

A ce concours avait aussi été présenté par MM. Garnier et Salmon un procédé par saupoudrage, à base de citrate de fer, que nous retrouverons dans le Chapitre V.

Ici se termine la première période des papiers au charbon par insolubilisation. Ces papiers au bichromate reproduisaient difficilement les demi-teintes. Une remarque importante allait être faite qui, tout en maintenant le principe, devait introduire dans l'application une sérieuse modification et donner lieu à d'intéressants perfectionnements.

CHAPITRE II.

PAPIERS A BASE DE BICHROMATE, A IMPRESSION PAR L'ENVERS OU A TRANSPORT.

———

Ce progrès a été réalisé par M. Fargier en 1860. Déjà, en 1858, l'abbé Laborde, à propos d'un nouveau procédé qu'il venait d'inventer et dans lequel il préconisait l'emploi de l'huile de lin rendue siccative par la litharge, avait indiqué le principe de ce perfectionnement; Fargier va l'appliquer aux mélanges bichromatés; voici les explications qu'il donne à ce sujet ([1]) :

Remarque de Fargier. — « ... D'abord j'étendis sur une feuille de papier un mélange de gomme, de bichromate et de noir. Après avoir exposé à la lumière la gomme en contact avec le cliché, je lavai le papier dans l'eau. J'obtins une image ou plutôt une silhouette. Mais, en réfléchissant, je découvris bientôt le défaut radical de ce moyen. Voici quelles furent mes observations.

» Le noir que l'on mêle à la gomme ou à la gélatine n'est point une dissolution, c'est une poudre en *suspension* qui n'a jamais assez de ténuité pour pénétrer dans les pores ou même dans la pâte du papier, et qui par conséquent reste toujours sur la surface de ce papier, et forme avec la gomme une couche d'une certaine épaisseur. Or, quelque mince que soit cette couche, la lumière n'agit *pas en même temps* dans toute l'épaisseur. La lumière agit selon son intensité, cette intensité est plus grande à la surface de la couche et diminue graduellement dans l'épaisseur; donc la coagulation doit commencer à la *surface* et se continuer de proche en proche à l'intérieur, au fur et à mesure que l'exposition à la lumière se prolonge. Il résulte de ces faits que l'image qui se forme sur la

———

([1]) *Bulletin de la Société française de Photographie,* décembre 1860.

gomme étendue sur le papier, comme ci-dessus, n'est point soutenue immédiatement par le papier, mais bien par de la gomme que la lumière n'a pas atteinte et qui par conséquent est restée soluble. On conçoit que cette image doit disparaître par un lavage à l'eau, du moins dans les demi-teintes qui en sont l'élément essentiel; car les grands noirs, que la lumière a traversés d'outre en outre, reposent immédiatement sur le papier et y restent.

» Mais si, après avoir préparé la feuille de papier comme ci-dessus, on la pose sur le cliché, non point du côté de la gomme, mais bien du côté opposé, de manière que la lumière au sortir du cliché traverse le papier avant d'arriver à la gomme, la coagulation commencera à la surface qui est en *contact avec le papier,* et l'image *en totalité* restera fixée au papier après le lavage. C'est ainsi que j'ai obtenu mes premières épreuves. Mais ce dernier moyen a quelques inconvénients : le temps de l'exposition est plus long, les épreuves sont renversées, et surtout elles sont grenues, parce que le papier n'est pas d'une translucidité égale.

» J'ai substitué depuis la gélatine à la gomme, et le collodion au papier. »

Après avoir expliqué sur une figure ce qui se passe ainsi dans une couche de gélatine bichromatée coulée sur une lame de verre, il poursuit :

« Mais si, avant de laver, je verse sur la surface une couche de collodion, il est aisé de comprendre que l'image sera retenue par le collodion pendant le lavage et se détachera de la glace. »

Tel est le point de départ d'une quantité de procédés fondés, soit sur l'impression lumineuse au travers du support, soit sur le transport de la couche colorée d'un support sur un autre.

Ces recherches de Fargier aboutissaient bientôt à un procédé complet dont voici le détail d'après un rapport de M. Davanne (¹) au nom de la Commission chargée d'en faire l'examen.

Procédé Fargier. — « Dans la précédente séance vous avez

(¹) *Bulletin de la Société française de Photographie,* avril 1861.

nommé une Commission composée de MM. le comte Aguado, Bayard, Girard et Davanne pour examiner le procédé de M. Fargier et suivre dans leurs détails les manipulations exécutées par l'auteur lui-même.

» La Commission s'est réunie chez M. le comte Aguado; M. Fargier a préparé en sa présence les mélanges nécessaires et, après en avoir couvert une glace, il a terminé complètement un portrait dans la même séance. Nous avons donc pu suivre le procédé dans toutes ses phases diverses sans qu'aucun détail ait été réservé par l'auteur.

» Les substances employées sont le bichromate de potasse, la gélatine, et le carbone à l'état de noir très divisé. On en fait un mélange dans les proportions suivantes :

» Dans 80^{cc} d'eau environ on fait dissoudre au bain-marie 8^{gr} de gélatine claire et aussi exempte d'alun que possible : il serait préférable d'employer de la gélatine sans alun; puis on y incorpore, en broyant dans un mortier, 1^{gr} de noir préalablement lavé au carbonate de soude et ensuite à l'acide chlorhydrique pour enlever les matières grasses ou résineuses résultant de sa fabrication (¹).

» On ajoute quelques gouttes d'ammoniaque pour décomposer l'alun contenu dans la gélatine, et qui aurait une action nuisible, enfin on fait dissoudre dans le tout 1^{gr} de bichromate de potasse.

» Le mélange ainsi préparé est passé au travers d'un linge fin et il est prêt à étendre sur la glace. Il faut qu'il soit toujours maintenu à la température nécessaire pour rester à l'état liquide.

» On verse cette préparation sur une glace bien nettoyée en quantité suffisante pour obtenir une couche égale suffisamment opaque, puis on fait sécher non pas directement au feu, mais de préférence sur une plaque métallique, et on a le soin que la température n'arrive pas à 100°. La main doit supporter facilement le contact de la glace. Les opérations doivent naturellement être faites dans une pièce faiblement éclairée.

» Jusqu'ici le procédé de M. Fargier rentre dans les procédés déjà connus, consistant à faire un mélange de bichromate de po-

---

(¹) « On pourrait également calciner ce noir au rouge vif dans un creuset pour détruire toutes les matières organiques. »

tasse, d'une poudre quelconque, et de substances organiques, telles que la gélatine, la gomme et l'albumine. Cependant les épreuves obtenues par un semblable mélange manquaient jusqu'à présent de cette dégradation de teintes, de ce modelé qui est le mérite principal de l'épreuve photographique. Or les épreuves que M. Fargier vous a présentées, celles qu'il a obtenues devant nous, ne laissent rien à désirer sous ce rapport. C'est qu'en effet il y a dans la manière de faire venir, de dépouiller l'épreuve, une différence essentielle, un mode d'opérer parfaitement raisonné et nouveau qui est la partie réelle de l'invention.

» La glace sèche est exposée quelques secondes à la lumière diffuse pour faire un fond, puis on la met sous le cliché et on expose d'une à quatre minutes au soleil, et on la rapporte ensuite dans le laboratoire pour la dépouiller.

» C'est ici que le procédé de M. Fargier diffère de ceux employés précédemment.

» Sous l'influence de la lumière et du bichromate de potasse la gélatine est devenue insoluble. Cette insolubilité est plus ou moins profonde suivant l'intensité lumineuse, et l'on doit admettre que les deux faces de la préparation sensible sont dans un état tout à fait différent et pour ainsi dire opposé. La face qui touche immédiatement la glace, protégée contre la lumière par les couches supérieures, est restée soluble, sauf peut-être en quelques points où la lumière a été très vive. La couche extérieure est, au contraire, insoluble sur toute la surface, puisqu'il y a eu exposition pendant quelques secondes de la glace nue à la lumière diffuse. Enfin, entre ces deux couches il y a des parties insolubles plus ou moins profondes suivant l'intensité de la lumière qui a traversé le négatif. Si l'on verse de l'eau tiède sur la face extérieure et insoluble comme on l'avait fait jusqu'ici, il arrive ou que la couche supportant les demi-teintes, trop mince pour résister au lavage, est entraînée avec les couches solubles sous-jacentes, et par conséquent l'épreuve n'est marquée que dans les grands noirs et le reste est à peine indiqué par le carbone adhérent mécaniquement au papier, ou l'épreuve vigoureusement tirée demeure collée sur la glace ou le papier, l'image trop protégée par les couches extérieures ne peut pas se dépouiller convenablement, elle reste pour ainsi dire empâtée ; mais,

si l'on retourne cette couche et si elle est lavée de telle sorte que
rien n'empêche les parties restées solubles de se dissoudre en entraînant tout le noir mélangé, et si l'on donne aux couches trop
faibles la consistance nécessaire pour résister aux lavages, on pourra
obtenir une épreuve dans toute sa pureté. C'est ce que M. Fargier
a parfaitement compris : aussi ne dépouille-t-il son épreuve qu'en
la détachant de la glace sur laquelle elle est fixée; de cette manière, les parties solubles peuvent être facilement entraînées, et il
commence par donner à cette pellicule plus de résistance en la recouvrant de deux couches de collodion légèrement acidifié. La
première couche est faite avec du collodion assez fluide qui pénètre
plus profondément et retient mieux les demi-teintes, et qui sert
en outre à régulariser la seconde faite avec un collodion épais.

» Immédiatement on met la glace dans une bassine d'eau tiède,
dont le fond doit être blanc et parfaitement lisse, on détache tout
autour avec l'ongle la pellicule trop adhérente au bord de la glace ;
bientôt elle se soulève, se détache peu à peu et flotte tout à fait
dégagée; on enlève le verre, on continue le lavage à l'eau tiède
avec précaution ; tout le noir et toute la gélatine en excès sont ainsi
emportées, les demi-teintes les plus fines restent adhérentes au
collodion et l'image vient parfaitement pure. On fait glisser dessous
un papier gélatiné sur lequel on l'étend avec précaution et on
laisse sécher en piquant le papier sur une planche.

» L'épreuve ainsi faite devant nous par un temps de pluie, dans
des conditions de lumière défavorables, dans un atelier nouveau
qui change les habitudes de l'opérateur, a été néanmoins bien
réussie comme finesse et comme modelé.... »

L'enlèvement de cette mince pellicule et son extension sur son
support constituaient une opération assez délicate ; aussi va-t-on
chercher à la rendre plus pratique.

M. Blaise, de Tours, opère le retournement entre deux glaces.
Il se débarrasse du support provisoire de collodion en le dissolvant
dans un mélange d'alcool et d'éther.

Ce procédé est dit à *double transport :* premier transport, du
verre sur le collodion; deuxième transport, du collodion sur le papier gélatiné. Si l'on s'arrêtait après le premier transport, l'image,

vue du côté opposé au collodion, serait renversée, c'est-à-dire qu'elle présenterait à droite les objets que l'on devrait voir à gauche, et réciproquement; pour obtenir le redressement, il aurait fallu employer un cliché *retourné*. Le deuxième transport effectue lui-même le redressement en replaçant en dessus, par rapport au support définitif, le côté de la couche sensible qui s'est trouvé en contact avec le cliché lors de l'exposition à la lumière.

Procédé Pouncy. — Pouncy étend sur un papier transparent, préalablement recouvert de gélatine, le mélange sensible formé de noir de fumée délayé avec un *corps gras,* et de bitume de Judée, ou de bichromate, ou des deux ensemble. Il impressionne le papier par le dos en utilisant la remarque de Fargier. La substance non impressionnée est dissoute dans l'essence de térébenthine.

Nous extrayons les détails ci-dessous de son brevet du 16 juillet 1863 :

« Mon invention (¹) est relative à certains perfectionnements dans l'obtention de transports et d'impressions d'images photographiques ou autres; elle est aussi relative à la préparation des matières qu'exigent ces opérations. Le point essentiel de cette invention consiste dans l'emploi d'une encre ou composition sensible ou sensibilisée, sur laquelle des épreuves ou images peuvent se produire par l'action de la lumière, et qui permet d'imprimer ou de faire des transports de la manière que nous allons décrire. Les surfaces destinées à recevoir les épreuves ou images peuvent être de papier, de soie, de toile, de coton ou de tissus mélangés ; le cuir, le bois, l'ivoire, le verre, la porcelaine, la pierre, les métaux et les alliages métalliques peuvent être employés comme, du reste, toute sorte de surface. Quelle que soit la matière choisie, la surface doit en être recouverte d'une encre ou composition formée de matière charbonneuse ou de toute autre matière colorante (suivant la coloration que l'on veut donner à l'épreuve), d'un corps gras, suif ou huile, de bichromate de potasse, de bitume de Judée, ou de ces deux substances mélangées, et de benzine, térébenthine, ou tout

---

(¹) *Bulletin de la Société française de Photographie,* mai 1864.

autre hydrocarbure ou esprit de ce genre. Les proportions relatives de ces diverses matières doivent varier suivant les circonstances de l'opération. La marche à suivre pour combiner ces ingrédients, et les proportions qu'il faut employer de chacun d'eux, seront aisément comprises des personnes qui ont l'habitude de préparer des encres ou compositions de ce genre, ainsi que l'addition des deux substances désignées en dernier lieu, et que l'on dissout dans l'un quelconque des véhicules cités plus haut. Je ferai remarquer, cependant, que si l'épreuve ou image photographique doit être transportée sur pierre ou sur toute autre surface destinée au tirage, il faut employer plus d'huile ou de corps gras dans la préparation de l'encre ou de la composition sensible, que si l'image ou épreuve doit être tirée sur papier ou autre surface de ce genre, et employée simplement sous cette forme. L'encre ou composition doit être préparée et appliquée sur la surface employée, dans l'obscurité ou dans un lieu d'où les rayons photogéniques se trouvent exclus, ou en présence d'une lumière artificielle incapable d'agir photographiquement. La surface recouverte doit être séchée et gardée à l'abri de la lumière jusqu'au moment où elle est employée et où on la transforme en image ou épreuve photographique par l'une quelconque des méthodes usitées dans ce but. Lorsque, pour obtenir cette épreuve, on fait usage d'une image négative, et que le support est assez transparent pour se laisser traverser par les rayons lumineux, on place cette image en contact avec la surface non recouverte, et on fait arriver la lumière de telle sorte qu'elle agisse sur la couche sensible à travers la matière transparente.

» Les rayons lumineux ayant durci les portions convenables, et produit dans la couche sensible l'effet désiré, les parties non impressionnées et restées solubles sont enlevées par la benzine, la térébenthine, le naphte ou tout autre dissolvant hydrocarburé. L'image ou épreuve reste ainsi sur la surface et se trouve formée d'encre d'imprimerie ou d'une composition de nature analogue, et il est facile d'en tirer des épreuves comme il sera dit plus loin.

» Les images obtenues de la façon qui vient d'être décrite sont susceptibles d'un grand nombre d'applications, tant au point de vue de l'utilité que sous le rapport de la décoration. On peut simplement les conserver comme objet d'art, ou bien (si l'on fait usage d'une matière convenable pour recevoir la couche sensible) on peut les transporter à la surface d'objets en porcelaine ou en poterie quelconque, où on les fixe d'une manière permanente, par la combustion, suivant les méthodes bien connues dont on fait usage pour accomplir les opérations.

» Lorsque l'encre ou composition sensible est appliquée sur pierre lithographique, pour fournir un tirage, la surface de la pierre doit être préalablement grenée, et la surface de la couche sensible doit l'être également après son application sur la pierre. Le procédé de grenage est facile à comprendre et, par suite, n'a pas besoin d'être décrit. Avant de transporter l'épreuve sur pierre, la surface doit en être mouillée avec de l'eau, et il faut la passer froide à la presse, et non pas la chauffer, comme c'est le cas ordinaire dans l'impression lithographique.

» ... Après avoir ainsi décrit et déterminé la nature de ma susdite invention, ainsi que la manière de la pratiquer, je ferai observer, en terminant, que je considère comme neuf et original, et que je revendique comme constituant mon invention proprement dite :

» 1° La production d'épreuves ou d'images photographiques au moyen de l'encre sensibilisée ou composition ci-dessus décrite, ou de toute autre encre ou composition analogue ou équivalente, par le procédé dont j'ai décrit la substance;

» 2° Le transport des images ou épreuves ainsi obtenues sur les surfaces que j'ai particulièrement désignées, et l'emploi, pour l'impression, de ces surfaces convenablement choisies suivant le genre d'opération ;

» 3° Les procédés de préparation des matières nécessaires à la pratique des procédés dont il s'agit. »

Procédé Placet. — « Sur une glace (¹) on étend une ou plusieurs couches de collodion, puis une couche de gélatine bichromatée; après dessiccation, on coupe les bords de la gélatine, et la feuille de gélatine se détache facilement, emportant le collodion qui fait corps avec elle.

(¹) *Bulletin de la Société française de Photographie,* décembre 1863.

» On expose à la lumière sous un cliché du côté du collodion, puis, sur cette même face collodionnée, on pose une plaque de métal enduite d'une matière agglutinative et l'on fait passer entre les rouleaux d'une presse ; la feuille se trouve alors parfaitement fixée, la face de gélatine non impressionnée en dessus et dans les conditions voulues pour être soumise à l'action du dissolvant.... »

Il indique ensuite d'autres procédés, tous basés sur le principe de l'action du dissolvant sur la face opposée à celle qui reçoit directement l'impression lumineuse; il applique ces moyens à la Photolithographie et à la Photogravure.

On trouve là un tissu souple analogue à celui qui a été proposé par Swan, en Angleterre, dans le procédé ci-après.

Procédé Swan. — En 1864, Swan, de Newcastle, remplace le collodion de Fargier par le caoutchouc, qui est également insoluble dans l'eau, pour former le support provisoire. Ce caoutchouc est collé à un papier qui supporte provisoirement la couche colorée et rend la manipulation moins délicate qu'avec le collodion seul. Pour redresser l'image, on colle sur une feuille de papier, et on enlève le support provisoire en dissolvant le caoutchouc dans la benzine.

Voici le détail (¹) du procédé :

« Je pense avoir réussi, tout à la fois, à obtenir de bons résultats, et à les obtenir par des moyens simples et applicables sur une grande échelle. Le moyen principal qui m'a permis d'arriver à ces résultats consiste dans l'emploi d'un tissu pliant et maniable comme le papier, en même temps que transparent et poli comme le verre.

» Ce tissu prend, en réalité, la place du papier ou du verre qui, l'un ou l'autre, ont toujours été employés jusqu'ici pour supporter les substances photographiques dans l'obtention des épreuves au charbon. Il est formé de collodion d'un côté, et de l'autre d'un composé gélatineux. La partie gélatineuse du tissu est formée essen-

---

(¹) *Bulletin de la Société française de Photographie,* mai 1864, d'après *The photographic Journal*, London, 15 avril 1864.

tiellement de gélatine et contient en outre un sel de chrome, du charbon et une matière sucrée....

» Le mélange gélatineux dont je me suis servi pour obtenir les spécimens que je mets sous les yeux de la Société est formé de 1 partie de solution de bichromate d'ammoniaque (cette solution est faite au titre de 25 pour 100), 2 parties de gélatine, 1 partie de sucre, et 8 parties d'eau; on ajoute à ce mélange la quantité de matière colorante nécessaire pour produire l'intensité de ton que l'on désire obtenir. La couleur que j'ai employée pour la plupart de ces spécimens est l'encre de Chine, soit seule, soit mélangée avec l'indigo et le carmin.

» Pour obtenir le tissu, on prend une plaque de verre, ou toute autre surface polie, et on la recouvre d'abord de collodion, puis du mélange ci-dessus; les deux couches s'unissent, et, lorsqu'elles sont sèches, on les détache, sous la forme d'une feuille unique, de la surface sur laquelle on les a versées.

» On obtient ainsi un tissu éminemment flexible; on peut le tenir à la main, comme une feuille de papier, et l'employer ou bien en grandes feuilles, ou bien en petits morceaux découpés....

» Le tirage a lieu de la manière ordinaire, le tissu prend la place du papier sensible, et on le dispose de telle sorte que le collodion se trouve en contact avec le cliché....

» Lorsqu'on retire le tissu du châssis d'exposition, l'image est à peine visible; à ce moment, il faut coller le tissu, le collodion en dessous, sur une feuille de papier ou toute autre substance convenable qui doit, pendant le développement, servir de support. Quelquefois, cette feuille doit être également la base de l'épreuve qui peut, si on le désire, rester attachée d'une manière permanente à ce support, ou qui, si on le préfère, peut être ensuite transportée de la façon que j'indiquerai bientôt.

» On peut monter ce tissu de différentes manières, et employer dans ce but différentes substances adhésives. J'ai employé l'amidon avec succès, mais pour les échantillons que je présente à la Société, j'ai fait usage d'un mélange de caoutchouc et de résine dammar dissous dans la benzine.

» Une fois collé, le tissu porté par le papier est plongé dans de l'eau portée à 100° Fahrenheit (38°C.). Immédiatement l'eau commence

C.   2 à dissoudre les portions non insolubilisées par la lumière, et, en quelques secondes, l'épreuve se trouve entièrement dégorgée.

» Il est bon cependant de ne pas précipiter l'opération, et de laisser à l'eau tout le temps nécessaire pour dissoudre le bichromate. Il faut aussi changer l'eau deux ou trois fois. En somme, je préfère laisser les épreuves deux heures dans l'eau. Si l'épreuve a trop posé, un séjour plus prolongé dans l'eau et l'emploi d'un liquide plus chaud peuvent parer à l'accident. Avant de retirer les épreuves du bain, j'en frotte légèrement la surface avec une large brosse, puis, après les avoir enlevées, je les place sous un filet d'eau, afin de faire disparaître les dernières particules de matière étrangère qui, par accident, pourraient adhérer à la surface.

» On achève l'opération en suspendant les épreuves pour les laisser sécher, les collant sur carton, et les passant au rouleau à la manière ordinaire.

» Un autre mode de faire consiste à monter de nouveau l'épreuve développée, la face en dessous, sur une seconde feuille de papier ou de carton avec de l'amidon ou de la gélatine; puis, lorsque le nouveau collage est sec, à enlever le papier sur lequel le tissu avait été fixé avant le développement. On obtient aisément ce résultat en mouillant la surface de ce papier avec de la benzine.

» Dans l'un des cas, l'image est renversée, et la surface de collodion est en dessous; dans l'autre, l'image n'est pas renversée et le collodion est à la surface supérieure.... »

Dans le brevet de Swan ([1]) se trouvent quelques modifications aux détails indiqués dans la note précédente. En particulier, le collodion peut être remplacé par du papier, et la sensibilisation obtenue en faisant flotter sur une solution de bichromate au lieu d'ajouter ce sel à la gélatine pendant la préparation. Après avoir recouvert une glace du mélange de gélatine et de couleur, sans bichromate, Swan ajoute :

« Avant de séparer la couche du verre, j'applique sur cette couche

---

([1]) *Bulletin de la Société française de Photographie,* octobre 1864, d'après *The Photographic Journal,* London, 15 septembre 1864.

une feuille de papier, afin de renforcer le tissu et de le rendre plus maniable. En général, j'applique le papier humide sur la surface gélatineuse sèche, puis je le laisse sécher à cette place; lorsque la dessiccation est complète, je découpe les bords avec la pointe d'un canif, et ensuite j'enlève le tout ensemble en le détachant simplement du verre, comme je l'ai précédemment indiqué. Lorsque je n'ai pas besoin d'une surface aussi polie que celle qu'on obtient par le moulage du mélange gélatineux sur la glace, et lorsque je désire rendre l'opération plus facile, j'applique sur une feuille de papier une couche légère de la solution qui doit former le tissu. Dans ce cas, le papier n'est employé que comme un subjectile provisoire destiné à supporter la couche produite par la composition, et dans un autre moment de l'opération on voit ce papier se séparer complètement de la couche gélatineuse. Pour recouvrir le papier de la solution sensible, je prends une feuille, quelquefois très épaisse, et je l'applique à la surface de la solution placée dans une bassine où elle est maintenue fluide par l'application de la chaleur; je la laisse quelque temps en contact, puis je l'enlève d'un mouvement régulier. Quelquefois j'applique de la même manière plusieurs couches sur la même feuille. Lorsque la surface du papier est ainsi bien recouverte, je l'enlève et je l'abandonne à la dessiccation spontanée en la mettant à l'abri de la lumière qui pourrait l'altérer.

» Lorsque le tissu n'a pas été sensibilisé au moment même de la préparation, je le soumets à cette opération en faisant flotter la surface gélatinée sur un bain sensibilisateur; celui que je préfère dans ce cas est formé de bichromate de potasse dissous dans l'eau à la proportion de $2\frac{1}{2}$ pour 100. »

Dans le cas de l'emploi du papier, comme il vient d'être indiqué, c'est la surface gélatinée qui est mise en contact avec le cliché d'abord, puis avec la feuille sur laquelle l'épreuve doit être montée. Le tout est alors immergé dans l'eau chaude, qui détache rapidement le papier sur lequel la gélatine et la couleur reposaient en premier lieu. La surface libre est soumise au développement.

Pour monter le tissu ou papier sur support provisoire, Swan emploie de préférence une solution de caoutchouc dans la benzine.

S'il s'agit d'un support qui doit rester définitif, il se sert d'albumine ou de colle d'amidon.

« Si j'emploie l'albumine, je l'insolubilise après le montage et avant le développement, en la coagulant soit par la chaleur, soit par l'alcool, soit par tout autre moyen. Mais, que le support soit provisoire ou définitif, le tissu est toujours appliqué le côté insolé en dessous sur la surface à laquelle il doit être fixé d'une manière permanente. Après avoir ainsi monté le tissu et avoir laissé à la matière adhésive le temps de sécher, si elle est de nature à nécessiter cette précaution, je l'immerge dans de l'eau chauffée à une température suffisante pour permettre la solution et le départ de toutes les portions du mélange gélatineux qui n'ont pas été rendues insolubles par l'insolation dans le châssis positif ou dans la chambre noire.... »

Le procédé Swan a été appliqué par un grand nombre d'opérateurs, parmi lesquels il faut citer particulièrement : M. Braun, qui entreprit dès 1866 la reproduction des œuvres d'art des Musées d'Europe, reproduction dont les magnifiques spécimens sont aujourd'hui universellement connus ; M. Jeanrenaud, qui a simplifié et propagé cette méthode, en cherchant à la rendre pratique par les modes de préparation du papier et les tours de main indiqués plus loin.

Procédé Blair. — M. Blair, de Perth, a reconnu l'un des premiers, vers 1859, que l'on pouvait conserver les demi-teintes en impressionnant au travers du support (¹) ; il proposait l'emploi d'un papier rendu transparent par un vernis au copal. Ce papier, séché, était recouvert d'un mélange de gélatine, bichromate et charbon, puis exposé à la lumière sous le cliché par le dos, et lavé du côté opposé. Le papier ciré pouvait servir aussi, mais ne donnait pas de blancs purs.

Il adapta ensuite son papier à la méthode de Swan, en le recouvrant de caoutchouc avant d'appliquer le mélange chromaté.

(¹) *Bulletin de la Société française de Photographie,* février 1867.

Lorsque l'image est développée, on la colle sur un papier blanc, on laisse sécher, et on enlève le papier transparent que maintient le caoutchouc, *comme dans le procédé Swan.*

M. Blair a employé en 1864 ([1]) le papier albuminé pour le transport des épreuves au charbon ; et, en 1867, il coagulait l'albumine par l'alcool.

Procédé Davies ([2]). — « ... Il n'est guère de substances qui soient aussi peu aptes à se mélanger ensemble qu'une solution aqueuse de gélatine et le magma huileux formé par le charbon et l'encre d'imprimerie. Cependant, je n'en pouvais employer d'autres, et je dus rechercher une substance intermédiaire qui, adoucissant la répulsion de ces substances l'une pour l'autre, permît de les rapprocher et d'en faire un mélange convenable. J'ai réussi à obtenir ce résultat en préparant un composé savonneux formé de 3 parties de stéarine, de 4 parties de carbonate de soude et d'une quantité d'eau suffisante pour rendre le tout liquide. Pour préparer ce composé, je fais bouillir la stéarine, le carbonate de soude et l'eau dans un poêlon pendant une demi-heure, puis je laisse refroidir ; le savon est prêt alors à être employé. Je prends ensuite des volumes égaux ou à peu près de ce savon et d'encre à transport ou d'encre d'imprimerie (je préfère la première), et j'incorpore l'une à l'autre ces deux substances en les mélangeant sous la molette jusqu'à ce que la mixture soit parfaitement homogène. J'ajoute ensuite la gélatine bichromatée ; s'il s'agit de faire un transport lithographique, la gélatine doit être étendue et employée en petite quantité ; l'encre, au contraire, doit être abondante, afin que le mélange savonneux puisse bien mordre sur la pierre. Dans le cours de ces expériences, j'ai employé successivement les diverses méthodes qui ont été proposées pour impressionner la couche de gélatine sensibilisée du côté de l'envers ; j'ai opéré sur verre comme M. Fargier, et sur papier comme M. Blair. J'ai expérimenté également sur des feuilles de mica, mais dans cette circonstance j'ai

---

([1]) *Bulletin de la Société française de Photographie,* mai 1869.
([2]) *Bulletin de la Société française de Photographie,* septembre 1864, d'après une communication faite à la Société photographique d'Edimbourg le 6 juillet 1864

éprouvé de grandes difficultés, et je n'ai pu d'ailleurs me procurer des feuilles assez grandes pour les besoins de la pratique. En dernier lieu, j'ai suivi la marche que je me propose d'indiquer ce soir, et qui m'a été suggérée par quelques essais déjà faits par moi dans cette voie et publiés le 1er avril 1863 dans *The British Journal of Photography*.

» C'est sur ce point, lorsqu'il s'agit d'impression directe, que ma manière d'opérer rappelle celles de M. Fargier et de M. Swan, quoique en réalité elle diffère de l'une et de l'autre. Si je m'étais moins préoccupé de la production des demi-teintes en Lithophoto-graphie, si mon attention s'était tournée du côté de l'impression directe au moyen des clichés, il est probable que j'aurais publié il y a longtemps un procédé à la gélatine carbonée ; car les épreuves que j'ai montrées il y a deux ans étaient regardées par moi comme des transports détachés, et je ne les considérais nullement comme des épreuves photographiques ayant quelque valeur.

» Lorsque M. Swan a publié son procédé, mon attention s'est reportée sur ces expériences que j'avais laissées de côté. J'ai re-connu que la plupart des manipulations que j'avais imaginées pouvaient s'adapter aussi bien à l'emploi des couleurs à l'eau qu'à l'emploi des couleurs à l'huile, et j'ai pensé qu'en suivant un ancien procédé je pouvais arriver au résultat sans faire usage du tissu de M. Swan. Je me propose donc de décrire les préparations et les manipulations qui me paraissent devoir être adoptées pour l'im-pression directe par la gélatine bichromatée, quelle que soit la ma-tière colorée dont on additionne le mélange.

» Prenez du papier albuminé ou toute autre surface unie, cou-vrez-le d'une solution étendue d'amidon et laissez sécher ; le papier est prêt alors à être employé. Pour préparer la gélatine, en général, j'agite cette substance pendant une demi-heure avec un excès d'eau, puis je laisse écouler presque tout le liquide en excès. Le résidu est introduit dans un bain-marie, où sa fusion se produit aisément. Si la gélatine est de bonne qualité, il n'est pas nécessaire de filtrer ; si elle est de qualité inférieure, il vaut mieux lui ajouter un peu d'albumine et la clarifier. Je prends ensuite 8 onces (248cc) de la solution de gélatine ainsi préparée, j'y ajoute environ une once, plus ou moins, de sirop doré et 4 drachmes (15cc,5) d'une solution saturée de bichromate de potasse ou de bichromate de potasse et d'ammoniaque; la nature du sel importe peu. J'introduis ensuite la matière colorante, je laisse reposer un instant, puis je verse le tout dans une capsule de porcelaine placée dans une capsule plus grande et remplie d'eau chaude, de manière à maintenir la température à 90° Fahrenheit (32°C.) environ.

» Aussitôt que la solution ne renferme plus de bulles, je pose le papier recouvert d'amidon à sa surface, exactement comme s'il s'agissait de passer une feuille albuminée sur le bain d'argent, et je l'y abandonne encore une demi-heure. Au bout de ce temps je l'enlève du bain rapidement, quoique avec précaution, et je la porte de suite au-dessus d'une autre cuvette pour la laisser égoutter. Il est essentiel que l'égouttage n'ait pas lieu dans la cuvette même qui contient la solution, car il s'y produirait ainsi des bulles d'air qu'il faut soigneusement éviter.

» Si, au sortir de ce bain, la feuille n'est pas parfaitement plane, étalez-la sur une feuille de verre, puis présentez-la, en tournant doucement, à une certaine distance du feu, jusqu'à ce que les bords aient repris la position horizontale. Lorsque ce résultat est atteint, reposez-la horizontalement sur une table ou sur un pied à caler, et, au bout de cinq minutes la couche offre assez de consistance pour que vous puissiez prendre la feuille et l'abandonner à la dessiccation.

» Il vaut mieux effectuer cette dernière opération dans une chambre chaude où l'air circule librement, mais où cependant il n'y a pas de poussière. Quand la feuille est sèche, on l'expose sous un cliché, par le côté gélatiné; l'exposition est trois ou quatre fois plus courte qu'avec une feuille sensibilisée à l'argent; elle dépend, du reste, en grande partie de l'épaisseur et de la nature de la matière colorée.

» Je ferai remarquer qu'il n'est nullement nécessaire que la surface gélatinée du papier soit exempte d'inégalités, et que la couche peut être plus épaisse en certains endroits qu'en certains autres, car il est rare que la lumière pénètre entièrement dans toute l'épaisseur de la gélatine, et les parties peu épaisses se trouvent enlevées par le lavage. Cependant, si la surface du papier est trop irrégulière, il est bon de la passer sous un rouleau, de manière que la surface qui est en contact avec le cliché ne présente pas de trop fortes inégalités.

» Après l'exposition (et je mesure en général celle-ci en exposant une bande de papier bichromaté jusqu'à ce que cette bande soit franchement colorée, puis une deuxième bande de même nature, et arrêtant l'opération lorsque celle-ci s'est colorée comme la première), j'emporte le châssis dans l'obscurité, j'enlève l'épreuve et je la plonge pendant une minute seulement dans l'eau, je la secoue pour enlever l'eau en excès, je passe rapidement dans l'eau une feuille de papier albuminé plus grande que l'épreuve, je la mets au contact de celle-ci, puis je presse le tout au moyen d'un rouleau, après avoir placé les deux feuilles sur une plaque de verre portant dessus et dessous plusieurs doubles de papier buvard. Il est essentiel au succès de ce transport de ne pas laisser entre les deux feuilles la plus petite bulle d'air, car celle-ci se traduirait sur l'épreuve terminée par la formation d'un point blanc.

» Il faut alors mouiller le dos du papier albuminé avec de l'alcool, presser de nouveau, et enfin présenter pendant quelques minutes à l'action du feu. Lorsque la dessiccation est complète, les deux feuilles encore adhérentes sont immergées dans l'eau chaude; au bout de quelques instants la feuille qui primitivement portait l'image se décolle, et, si l'exposition a été convenable, l'image commence immédiatement à se développer. Si elle est lente à s'éclaircir, l'exposition a été trop prolongée, et dans ce cas on peut atténuer cet accident en projetant à sa surface, d'une hauteur d'un pied ou deux, un filet d'eau qui généralement suffit à la dépouiller convenablement. Cependant, avant de faire cette opération, il faut prolonger son immersion dans l'eau chaude.

» Si l'épreuve a été tirée d'après un cliché ordinaire, elle est renversée, et si l'on désire qu'il n'en soit pas ainsi, il faut un peu modifier la manière d'opérer. Je prends alors, au lieu de papier albuminé, une solution étendue de gomme laque et de térébenthine de Venise dans l'alcool méthylé, et je fais adhérer la surface impressionnée avec une feuille de papier ordinaire, en interposant entre les deux feuilles une couche de cette solution, passant le tout à la presse, laissant sécher, et continuant comme je l'ai dit pour le papier albuminé. Après développement, je sature d'alcool méthylé une feuille de papier buvard ayant les mêmes dimensions que l'épreuve, je mets cette feuille en contact avec la deuxième feuille de papier, et je laisse le tout pressé entre deux glaces pendant un quart d'heure environ ; au bout de ce temps, la feuille collée sur l'image s'en détache aisément, et il suffit de la frotter légèrement avec une éponge pour la rendre nette.... »

Procédé Despaquis. — « Le papier dioptrique (¹) qui doit être employé aux négatifs doit être frais, aussi blanc que possible. On peut aussi très bien employer le papier négatif ciré que l'on employait avant le collodion, mais qui coûte beaucoup plus cher....

» Si l'on emploie l'encre de Chine, voici les proportions qui conviennent le mieux :

Eau ordinaire..	50cc
Encre de Chine liquide du commerce...............	50cc
Gélatine...	10gr
Bichromate d'ammoniaque...........................	1gr,25

» Au lieu d'encre de Chine, on peut très bien employer, même avec avantage, toute autre matière colorante antiphotogénique, comme le rouge, qui, ajouté au chrome du bichromate employé à la sensibilisation, forme un préservatif contre la lumière plus puissant encore que l'encre de Chine.

» Pour avoir des noirs intenses dans un négatif fait par ce procédé, il faut qu'une faible quantité de gélatine rendue insoluble retienne le plus possible de matière colorante. D'un autre côté, le papier que j'emploie, contenant un corps gras, permet à l'eau chaude, au moment du lavage, d'entraîner toute la couleur dans les transparences, quoique mêlée à une faible quantité de gélatine, sans laisser de maculation dans les blancs, ce qui arrivait avec tous les autres papiers que j'ai essayés, et cependant il n'est pas trop gras pour empêcher la mixture d'adhérer au moment de la préparation du papier et à celui du lavage de l'épreuve.

» ... Ces épreuves possèdent toutes les demi-teintes et peuvent être utilisées :

» 1° Pour la décoration des fenêtres des appartéments. Il suffit

---

(¹) *Bulletin de la Société française de Photographie,* mai 1867.

de les mouiller, puis de les appliquer, le côté de la gélatine contre le verre, sur les vitres d'un appartement, pour avoir un véritable store simulant le verre dépoli et très adhérent ;

» 2° Pour les agrandissements d'épreuves ;

» 3° Elles sont très utiles pour la gravure et le décalque, et sont très appréciées au Dépôt de la Guerre pour les cartes et plans ;

» 4° Elles se recommandent par la facilité des manipulations, puisqu'il suffit de poser par le dos le papier sensible contre un cliché, puis de laver à l'eau chaude quelques secondes ; par le prix presque nul de revient, et surtout par leur inaltérabilité.

» On peut encore, avec ce papier transparent au charbon, obtenir un négatif très suffisant en mettant ce papier en contact avec un positif transparent. »

M. Despaquis remplace ensuite le papier dioptrique par le collodion-cuir ([1]), et donne quelques détails pratiques utiles.

« Avant de commencer ([2]) les manipulations, je crois utile de faire quelques observations sur les produits à employer. L'eau ordinaire suffit ; la gélatine doit être soluble ; il n'est pas indispensable qu'elle soit très blanche ; la gélatine de Dieuze, quoique jaunâtre, est excellente ; il est utile quelquefois, lorsque la gélatine coulée sur les glaces ou papiers forme de petites bulles, d'ajouter à la solution quelques gouttes d'ammoniaque liquide qui empêche les bulles.

» Je crois que la meilleure matière colorante est l'encre de Chine de très belle qualité, convenablement filtrée. Pour le portrait surtout, elle est indispensable. Les noirs de bougie et autres, quelque bien broyés qu'ils soient, ont toujours quelques grains qui forment dans les fines demi-teintes d'un portrait un pointillé désagréable.

» Pour les vues et reproductions, le noir de bougie est préférable ; il est plus intense et d'un prix moins élevé.... Pour donner

---

([1]) Le collodion-cuir avait été présenté à la Société par M. Humbert du Molard au nom de l'inventeur, M. Briois, et son emploi avait été conseillé pour cet usage spécial par M. Davanne, dans son Annuaire de 1867.

([2]) *Bulletin de la Société française de Photographie*, avril 1868.

de plus beaux tons aux épreuves, on ajoute aux noirs employés, soit du rouge d'orseille et du bleu de Prusse, soit un peu de purpurine, comme l'a indiqué M. Jeanrenaud. L'indigotine est la plus belle couleur que j'aie ajoutée à l'encre ; elle est soluble et ne donne pas de grains, mais malheureusement les mixtions qui en contiennent ne conservent que fort peu de temps leur sensibilité; il faut faire les préparations la veille au soir pour les besoins du lendemain. En général, lorsque l'on emploie des couleurs autres que l'encre de Chine ou un noir de charbon quelconque, la mixtion sensible ne conserve pas sa sensibilité au delà de huit ou quinze jours, quelquefois un mois, tandis qu'avec l'encre de Chine et le bichromate d'ammoniaque, la mixtion conservera sa sensibilité pendant une année au moins.

» Avec le bichromate de potasse, cette sensibilité serait bien vite altérée; elle ne durerait que deux jours au plus.

» Voici les dosages tels que je les fais actuellement :

> Gélatine............................... 10^{gr} à 12^{gr}
> Encre de Chine titrée......................... 20^{gr}
>   ou noir de bougie en quantité suffisante.
> Eau.. 80^{cc}
> Couleurs selon les circonstances.

» Je fais dissoudre ce mélange au bain-marie dans un vase de terre ou de porcelaine, et, après parfaite dissolution, j'ajoute :

> Bichromate d'ammoniaque.................... 1^{gr},25

» J'agite pendant quelques minutes, pour aider à la dissolution et au mélange du bichromate.

» Je prends ensuite un verre de gélatineur bien plan, verre encadré (une glace serait préférable), que je frotte légèrement de fiel de bœuf, et je le recouvre de la mixtion sensible en la passant à travers un tamis métallique à mailles très serrées, et même doublé d'un linge fin. Je reverse l'excédent et je laisse sécher horizontalement. Quand la couche est bien sèche, ce qui exige cinq ou six heures, dans une chambre chauffée à 20° environ, je la recouvre d'une légère pellicule de collodion normal à $\frac{1}{2}$ pour 100, que je verse comme l'on verse le collodion sur glace pour clichés, et cinq ou dix minutes après, avant que cette première couche ne soit entièrement sèche, j'en verse une seconde d'un collodion épais ainsi composé :

Éther... 100 ^{gr}
Alcool... 100 ^{gr}
Fulmicoton................................. 2 ^{gr} à 6 ^{gr}
    selon l'épaisseur que l'on veut obtenir.
Huile de ricin................................. 4 ^{gr}

» L'huile de ricin est indispensable et constitue la valeur de ce procédé. Elle donne la souplesse et la force au collodion en l'empêchant de se rider ; mais, pour une cause que je ne puis expliquer chimiquement, j'ai observé que, lorsque l'huile de ricin a pénétré dans la couche sensible, il faut de l'eau bouillante, et même renouveler cette eau plusieurs fois, pour laver et faire apparaître l'image. Voilà pourquoi j'emploie la première couche préservatrice de collodion mince sans huile de ricin.

» On peut, pour éviter ces deux couches de collodion, verser d'abord la pellicule de collodion épais à l'huile de ricin et la laisser bien sécher ; cette couche étant bien sèche, on peut, sans crainte de l'huile de ricin, recouvrir de la mixtion sensible ; mais, dans ce cas, il faut des glaces bien planes, bien mises de niveau, afin d'obtenir une couche de collodion très égale, condition voulue pour pouvoir enlever ensuite la pellicule qui résisterait et que l'on ne pourrait détacher des endroits où elle serait trop mince.

» Ces deux manières d'opérer sont bonnes selon le genre d'épreuves que ces pellicules doivent fournir. La première manière est bonne pour les pellicules minces avec lesquelles on obtiendra des épreuves destinées à être appliquées sur papier-carte ou sur verre, et aussi lorsque l'on doit dissoudre la pellicule de collodion afin d'avoir des épreuves sans brillant. On obtient ce résultat en immergeant l'épreuve collée sur carte ou sur verre opale ou autre, et bien séchée, dans une cuvette en verre ou un flacon à large ouverture contenant un mélange à quantité égale d'alcool et d'éther. La pellicule de collodion se dissout, et l'épreuve reste adhérente au papier ou au verre ; mais il faut bien surveiller cette opération et retirer l'épreuve lorsque l'on voit que la pellicule est dissoute ; un séjour prolongé de l'image dans l'éther alcoolisé pourrait détacher par place cette image de son support.

» Par ce moyen, la pellicule étant redissoute sert à faire du nouveau collodion en y ajoutant du fulmicoton.

» La seconde manière est utile lorsque l'on veut obtenir une pellicule de collodion épaisse qui sera employée sans support comme pour les stéréoscopes et autres épreuves, et surtout pour faire la toile-cuir.

» Voici comment on opère pour faire la toile-cuir.

» On prend de la toile fine de coton ou de lin ; on l'humecte avec de l'alcool, afin de l'étendre sur la glace et de l'y bien appliquer avec un rouleau pour chasser toutes les bulles d'air. Lorsque la toile est bien appliquée sur le verre, on la recouvre d'une couche de collodion à l'huile de ricin, et on laisse sécher. On la recouvre ensuite de mixtion sensible au charbon ; après dessiccation, on sépare le tout de la glace. Cette toile est précieuse pour la photopeinture et les agrandissements, et je ne pense pas qu'après cette publication les photographes qui font des épreuves agrandies, épreuves qui sont d'un prix élevé, puissent ne pas employer ce procédé qui simplifie les manipulations et surtout qui donne des épreuves inaltérables.

» ... Lorsque la couche sensible est préparée comme je viens de l'expliquer, sur une pellicule mince, résistante et transparente, on la place sur le cliché en ayant soin que ce soit le *côté collodionné* qui soit en contact avec l'épreuve négative. Après une exposition qui varie suivant le cliché, l'intensité de la lumière, et qui est toujours beaucoup moins longue que pour les procédés aux sels d'argent, l'épreuve est rapportée dans le cabinet noir, dégorgée à l'eau chaude, séchée et montée, soit sur papier, soit sur verre, soit au stéréoscope.... »

En mars 1869, M. Despaquis annonce un perfectionnement qui consiste à remplacer l'albumine par la gélatine. La surface sur laquelle doit avoir lieu le transport est couverte de gélatine, puis, au moment où elle doit être employée, est plongée dans une solution d'alun qui l'insolubilise.

« La belle gélatine bien filtrée et colorée est étendue en une couche mince sur un verre bien propre, dépoli, douci ou non, ou sur toile ou papier; on laisse sécher. Pour l'emploi, on immerge pendant dix minutes environ dans de l'eau froide additionnée d'environ 5 pour 100 d'alun. Si l'on veut activer la coagulation, on ajoute un peu d'eau chaude, et on ne laisse le subjectile qu'environ deux minutes dans la solution d'alun. On rince à l'eau froide pour éliminer l'alun, et l'on applique dessus, pendant que la gélatine est poissante, le papier noir insolé sous le cliché.

» On donne ensuite un coup de rouleau pour faire adhérer et pour chasser les bulles d'air, puis on met les feuilles sous presse dans du papier buvard pendant quelques minutes à quelques jours, pour les développer ensuite à l'eau chaude suivant le procédé Jean-renaud. »

M. Edwards, de Londres, emploie à la même époque ([1]) un procédé basé aussi sur l'usage de la gélatine alunée. Il fait flotter une feuille de papier ou autre subjectile à la surface d'une solution de gélatine à laquelle de l'alun a été ajouté. Il fait sécher, puis applique ce papier, sous l'eau, sur le papier gélatiné coloré, qui a été sensibilisé et impressionné sous le cliché. Les deux feuilles sont enlevées et placées sur verre, puis pressées avec une brosse en caoutchouc. On développe dans l'eau chaude et on sèche.

En juin 1869, M. Despaquis coagule la gélatine par l'acide lactique, après s'être servi successivement, depuis 1863, du bichromate, du bichlorure de mercure, et de l'alun.

« Je fais dissoudre 100^{gr} de gélatine dans 400^{gr} d'eau, et, lorsque la gélatine est presque entièrement dissoute, j'ajoute 600^{gr} de lait. J'agite et je continue la dissolution au bain-marie. J'ajoute encore $3o^{gr}$ à $4o^{gr}$ de sucre candi afin de rendre la gélatine plus poissante et plus agglutinante. Une couche très mince de cette solution à la surface d'une feuille de papier, toile, etc., devient suffisamment insoluble pour le transport des épreuves au charbon lorsqu'elle est sèche, c'est-à-dire le lendemain. Il suffit alors de la plonger

---

([1]) *Bulletin de la Société française de Photographie,* mai 1869.

quelques instants dans l'eau froide ou de l'exposer aux vapeurs d'une bouilloire contenant de l'eau en ébullition. »

Procédé Marion. — « J'ai l'honneur de présenter (¹) à la Société les modifications que l'emploi d'une pellicule collodionnée parfaitement transparente m'a permis d'apporter aux procédés usités pour obtenir les épreuves positives dites *au charbon*. Le papier gélatiné charbonné dont je donne un échantillon n'est pas sensible ; pour l'amener à cet état, il faut le plonger pendant deux minutes dans une dissolution de 6^{gr} de bichromate de potasse pour 100^{cc} d'eau, suspendre et laisser sécher. Je donne également un échantillon du papier albuminé sans sel, qui sert à transporter l'image obtenue sur la couche noire du papier charbonné.

» Ce papier noir est soumis à l'insolation par le côté coloré appliqué contre le cliché. Le temps de pose est difficile à préciser, c'est une affaire d'étude et d'observation : ce temps varie entre deux et dix minutes, suivant la lumière et le cliché avec lequel on opère.

» Lorsqu'on a posé le temps nécessaire, on rentre le châssis dans le laboratoire, et le papier, retiré, est mis à dégorger dans l'eau froide plusieurs fois renouvelée, pendant une heure au moins. On peut mettre un grand nombre de feuilles dans la même cuvette remplie d'eau. La gélatine gonfle dans l'eau froide et on peut déjà apercevoir l'image en relief sur la couche noire de gélatine. Lorsque le bichromate a été enlevé par le lavage, on peut faire le reste des opérations à la lumière diffuse.

» Le papier albuminé dont il est parlé ci-dessus est mis à flotter par son envers sur de l'eau pure ; on applique la couche de gélatine noire contre la couche d'albumine, et enlevant ensemble les deux feuilles appliquées l'une à l'autre, on les superpose pour soumettre la masse entre deux glaces à la pression d'un poids un peu lourd : il faut, dans ce cas, que toutes les feuilles soient bien de la même grandeur, autrement on n'aurait qu'une pression partielle et imparfaite qui aurait pour conséquence la perte totale des épreuves ; après une heure ou deux de pression, les doubles papiers sont sus-

---

(¹) *Bulletin de la Société française de Photographie,* avril 1868.

pendus pour les faire sécher; amenés à l'état de dessiccation parfaite, on les soumet à l'action de la vapeur vive dans une boîte hermétiquement fermée; cette vapeur, sans puissance sur la gélatine, coagule l'albumine et laisse la première dans son état soluble. C'est alors que les doubles papiers sont mis dans l'eau chaude pour en amener la séparation. La gélatine bichromatée, restée en liberté, se dissout, abandonnant au papier albuminé l'image, qui, de latente et inverse qu'elle était sur le premier support, est maintenant visible et redressée, et doublement inaltérable sur le support définitif. Disons qu'après le dédoublement des deux papiers, l'image n'est pas bien développée, et qu'il faut la laisser quelque temps dans l'eau, entretenue à la température de 4o° à 5o°, autant de temps qu'il est nécessaire pour arriver au développement complet. On doit tenir dans l'eau l'image en dessous, le côté blanc en dessus; cette position facilite le développement.

» Une épreuve positive au charbon, qui serait tirée par ce procédé d'après un cliché ordinaire, se trouverait retournée; pour qu'il n'en soit pas ainsi, il faut que ce soit le cliché lui-même qui soit retourné. On arrive aisément à ce résultat en le transportant sur la pellicule transparente, dont je joins un échantillon à ma communication. C'est au double point de vue de l'emploi de l'albumine et du transport sur pellicule transparente, que ce procédé présente un grand intérêt pour l'art de la Photographie au charbon, et diffère de ceux déjà connus, pour lesquels il est nécessaire d'employer deux transports successifs, difficiles, et qui ne sont pas sans inconvénients pour la santé. Avec le procédé que je décris, pas de transport transitoire de l'épreuve positive, mais seulement, et une fois pour toutes, transport de l'épreuve négative, après quoi les tirages se font rapidement, facilement, d'une façon absolument pratique, avec un seul, unique et facile transport de l'image positive.

» Avec des clichés transportés, on obtient *ad libitum* des épreuves positives retournées ou dans leur sens naturel, avec autant de netteté d'une façon que de l'autre. Le papier sensible appliqué contre le côté du collodion donne une image renversée; mais c'est l'inverse qui se produit quand le papier est posé sur le côté opposé au collodion; dans ce cas, on a une image redressée et vue dans son sens naturel.

» Le transport d'un cliché neuf sur pellicule est de la plus grande facilité. La glace étant mise de niveau, on verse dessus du vernis *ad hoc*, on y étend la pellicule, en lui laissant le temps de s'allonger en tous sens ; enfin on relève la glace pour faire tomber l'excès du vernis, et elle est mise à sécher sur l'égouttoir ; on termine par l'enlèvement de la pellicule, qui entraîne avec elle la couche de collodion et l'image qu'elle porte.

» Quand le cliché est vernissé, l'opération est un peu moins facile ; il faut, dans ce cas, faire tremper la glace dans l'eau pendant quelques heures, afin de préparer le détachement du collodion ; on fait sécher et on procède, comme il vient d'être dit pour les clichés neufs, à l'enlèvement de l'image. S'il y avait résistance, il faudrait encore une fois mettre la glace à l'eau et laisser le détachement du collodion s'opérer de soi-même. »

En juin 1869, M. Marion montre des épreuves obtenues avec des pigments de différentes couleurs, entre autres avec la mine de plomb. Il emploie le papier albuminé, sans sel, à couche légère ; au moment du développement, l'eau chaude employée pour dissoudre la gélatine sert en même temps à coaguler l'albumine. Quand on a débarrassé l'image, le véhicule devient le subjectile, et le dessin y reste fixé.

En continuant ses recherches, il arrive à modifier son procédé de la façon suivante (¹) :

« ... J'ai reconnu que la coagulation de l'albumine par la vapeur avait un effet tout opposé à celui que produit la coagulation par l'alcool, c'est-à-dire qu'au lieu de décoller le papier la première en renforce la colle et donne à la couche albuminée une surface cornée tellement solide que l'eau y glisse comme sur le verre sans la pénétrer ; l'imbibition du papier ne se fait que par son envers, avantage très important et qui facilite considérablement l'application et l'adhérence de ce papier contre celui à surface charbonnée et sensibilisé en procédant de la façon suivante :

» Plonger le papier albuminé coagulé dans l'eau, l'albumine en

---

(¹) *Bulletin de la Société française de Photographie*, novembre 1869.

dessus, éviter qu'il ne se produise des bulles à la surface, introduire doucement dans la même eau le papier impressionné, la mixtion en dessous, en évitant qu'il ne se produise des bulles d'air entre les deux papiers.

» Les bords du papier mixtionné tendent d'abord à se rouler en dedans, mais bientôt ils s'étendent et n'opposent plus de résistance à la pression des doigts; c'est à ce moment précis, sans attendre qu'ils se roulent en sens inverse, qu'il faut faire usage de la racle en caoutchouc, la faisant glisser délicatement sans forte pression sur les deux papiers superposés au fond de la cuvette pour chasser les bulles d'air; il devra y avoir peu d'eau dans la cuvette. Les cuvettes les plus convenables sont celles à fond de glace, ou toutes autres au fond desquelles on poserait préalablement une glace forte.

» Au lieu de plonger d'abord le papier albuminé dans l'eau, on peut commencer par le papier mixtionné et impressionné; il y a peut-être avantage à agir ainsi, en ce sens que celui-ci est plus long à se pénétrer du liquide et qu'il est plus facile, ainsi posé, d'appliquer à sa surface le papier albuminé quand celui-ci aura été imbibé d'eau : c'est une affaire d'appréciation, d'expérience et de sentiment.

» Quelle qu'ait été la manière d'appliquer les deux papiers, il faut, pendant qu'ils sont encore empreints d'un excès d'eau et posés sur une glace horizontale disposée à cet effet, y passer légèrement la main pour chasser l'eau et les bulles d'air. Le passage du rouleau léger en cuivre éliminera ensuite les dernières parcelles d'eau et d'air qui pourraient rester et forcera, en même temps, les papiers à adhérer l'un à l'autre par l'attraction des surfaces rigides et planes; puis, la presse fera le reste.

» Cette opération du collage des deux papiers l'un contre l'autre est des plus importantes, on ne saurait y apporter trop de soin; il ne faut pas abréger à moins d'une demi-heure ou une heure la durée de la pression de ces papiers réunis en plus ou moins grand nombre dans la presse. La surface solide et cornée de l'albumine coagulée par la vapeur exige ce temps; mais, d'un autre côté, on est bien plus maître de son travail, on ne craint ni la désagrégation du papier, ni l'éparpillement inégal de l'albumine en dissolution et leurs fâcheux résultats. . .

» Rien n'est changé à la manière de développer l'image, seule-

ment ce développement se fait avec bien plus de facilité, à cause
du renforcement de collage du papier et de la surface albuminée
rendue imperméable, et aussi par l'emploi de la grenétine, produit
gélatineux très pur et d'une grande solubilité, que j'emploie maintenant dans la mixtion.

» Au lieu de papier albuminé coagulé on peut employer du
papier gélatiné aluné, mais je préfère de beaucoup le premier, à
cause de son extrême solidité et de sa résistance à toute épreuve dans
les bains d'eau froide et chaude.

» Recommandation importante pour préserver les bords de
l'image des soulèvements et de leur extension sur une grande surface : il faut encadrer le cliché de bandes de papier noir, afin que
l'épreuve vienne sur le papier tout emmargée, comme si elle était
montée sur bristol. »

Procédé Jeanrenaud. — « Depuis la communication que j'ai
eu l'honneur de faire l'année dernière (¹) à la Société sur le procédé au charbon, le mode d'opérer s'est beaucoup modifié, et c'est
la simplification qui en fait désormais un procédé très pratique que
je viens exposer (²).

» Nous savons déjà comment on peut préparer le papier noir à
la gélatine.

» Des glaces, calées horizontalement, reçoivent sur le fond une
feuille de papier détendue dans l'eau et épongée ensuite; la gélatine tiède, contenue dans une théière à bec rétréci, y est répandue
par bandes qui se ressoudent d'elles-mêmes derrière une baguette
de verre qui, se déplaçant parallèlement à elle-même, prépare et
facilite son extension.

» Au risque de contredire mes expériences de l'année dernière,
je recommande de n'employer que des gélatines supérieures et
même la grenétine, qui est un produit ne contenant ni sels, ni
acides; d'éviter l'emploi de la glycérine; les matières colorantes,
telles que le noir de fumée, purpurine, carmin de garance, etc.,
doivent aussi être purifiées.

(¹) *Bulletin de la Société française de Photographie,* mars 1868.
(²) *Ibid.,* février 1869.

» Dans ces conditions, les feuilles sensibilisées se conservent assez longtemps : j'en ai essayé qui, après quinze jours, n'avaient pas subi d'altération.

» Le papier est sensibilisé en plein dans un bain de bichromate d'ammoniaque à 3 pour 100, puis séché et mis en rouleau pour être employé au besoin. Une observation que j'ai maintes fois vérifiée et qui peut servir de base pour l'exposition à la lumière sous le cliché, c'est que par les temps couverts la sensibilité du bichromate est cinq ou six fois plus grande que celle du chlorure d'argent dans les mêmes conditions de lumière. Par les temps clairs et exposition directe au soleil, la différence est encore plus grande, car elle est huit, neuf, et même dix fois plus rapide, suivant la limpidité de l'atmosphère. Donc, étant connu le temps de pose au chlorure d'argent, il sera facile d'en déduire le temps de pose pour la gélatine bichromatée.

» Au sortir du châssis positif, il fallait, d'après l'ancien procédé, se servir d'une feuille de papier caoutchoutée comme transport provisoire pour la révélation de l'image, laquelle devait être reportée derechef sur une nouvelle feuille définitive : préparation longue, malsaine et dangereuse, à cause de la benzine dissolvant du caoutchouc, sans compter l'élévation du prix de revient.

» M. Marion nous a communiqué, l'année dernière, un procédé ingénieux et expéditif. Il se sert de papier albuminé, mais sur ce véhicule le transport est définitif : simplicité très grande qui a cependant l'inconvénient de laisser l'image retournée; on se trouve donc dans la nécessité de faire subir au cliché, une fois pour toutes, une opération que j'indiquerai plus loin.

» Sans revendiquer aucune part à l'idée première de M. Marion, voici le moyen simple et pratique auquel M. Chardon et moi nous nous sommes arrêtés pour en faire l'application. Au lieu de superposer immédiatement le papier albuminé sur l'épreuve, de laisser sécher en presse, de coaguler l'albumine par un jet de vapeur avant de passer au développement, nous commençons par tremper pendant quelques minutes dans l'alcool à 36° ou 40° les feuilles albuminées, et nous les laissons sécher. C'est sur cette feuille que la gélatine qui contient l'image sera transportée, développée, et restera d'une manière définitive. A cet effet, on mouille la feuille albuminée en la passant dans l'eau des deux côtés, puis on la pose sur une glace par le côté non préparé. On prend ensuite la feuille noire gélatinée, et, après l'avoir mise en contact par un de ses bords avec la feuille qui va la recevoir, on la soulève d'une main pendant que de l'autre on fait rouler sur le dos un cylindre en fonte garni de flanelle qui régularise l'application en chassant les bulles d'air. L'épreuve se trouve donc emprisonnée entre deux feuilles et collée par la puissance adhésive très grande que conserve l'albumine coagulée par l'alcool.

» On met sous presse : une pression très forte n'est pas utile; puis on peut passer au développement. L'eau bouillante est nécessaire pour obtenir la séparation des feuilles, mais il faut, aussitôt ce résultat obtenu, mettre ces épreuves dans une eau moins chaude afin d'en surveiller la révélation : la température sera donc élevée à la demande de l'image dans le cas où elle serait trop ou trop peu posée. Cette opération doit se faire dans le laboratoire, sans quoi, sous l'influence de la lumière, la réaction du bichromate d'ammoniaque sur l'albumine du support lui laisserait une teinte verdâtre. L'image est lavée et passée dans une solution d'eau saturée d'alun, puis lavée encore rapidement à plusieurs eaux, et, enfin, séchée pour être coupée et montée sur bristol.... »

M. Jeanrenaud coagulait l'albumine à l'avance sur la feuille de transport par l'alcool et laissait sécher; cette méthode présentait des inconvénients.

« L'expérience (¹) démontra bientôt que l'alcool dissolvait l'encollage résineux du papier lorsqu'il avait servi un certain nombre de fois; il se produisait sur le papier de transport des marbrures, et si, après le transport, on voulait opérer avec de l'eau trop chaude, il se faisait sur l'épreuve des soulèvements, des cloques qui la perdaient complètement. Il fallait alors soit distiller l'alcool, soit le mettre au rebut et en employer une nouvelle quantité. M. Jeanrenaud a tourné cette difficulté tout en simplifiant son mode d'opérer.

» La feuille qui porte la couche de gélatine bichromatée et ad-

---

(¹) *Bulletin de la Société française de Photographie,* juin 1869.

ditionnée de matière colorante est mise, après avoir été impressionnée à la lumière, dans un cahier de papier buvard légèrement humide. Pendant que cette feuille s'assouplit et se détend, on immerge le papier albuminé dans une grande éprouvette cylindrique remplie d'abord d'alcool à 36°, on la retire presque aussitôt et on l'applique toute mouillée d'alcool sur une glace, l'albumine au-dessus ; on prend alors la feuille gélatinée devenue souple, et au moyen du rouleau on l'applique sur la feuille albuminée. L'épreuve mise en presse pendant quelques instants peut être ensuite traitée par l'eau bouillante sans qu'il y ait aucun soulèvement.

» Ce mode d'opérer présente plusieurs avantages : l'économie d'alcool, qui peut être employé jusqu'à la dernière goutte ; la facilité de préparer son papier albuminé au moment du besoin ; l'absence des soulèvements, même quand on emploie l'eau bouillante ; l'économie de temps, puisque, les feuilles n'étant plus comme précédemment entièrement mouillées par l'eau, il suffit de les appliquer l'une sur l'autre et de les presser pour pouvoir développer immédiatement. »

M. Jeanrenaud a détaillé, comme il suit, la préparation du papier (¹) :

« Lorsqu'on emploie pour le transport des épreuves à la gélatine un papier albuminé coagulé par un moyen quelconque, ce papier reste toujours brillant et produit un effet d'autant plus désagréable que ce brillant apparaît davantage dans les parties les plus claires de l'image, et que les parties foncées deviennent au contraire tout à fait mates et semblent s'empâter davantage. Dans ces conditions, les reproductions de portraits, de dessins, de tableaux, sont en opposition avec les effets artistiques généralement cherchés ; et, si l'on veut profiter de la grande facilité que donne le papier albuminé pour faire les épreuves à la gélatine, il devient tout à fait nécessaire de préparer un papier albuminé mat.

» On arrive à peu près à ce résultat en se servant d'albumine ammoniacale ; mais, dans ce cas, il faut employer des papiers spéciaux très fortement encollés, et encore l'ammoniaque attaque-t-elle cet encol-

---

(¹) *Bulletin de la Société française de Photographie*, mai 1870.

lage, et le plus souvent la surface du papier garde un peu de brillant.

» Or, pour atteindre complètement le but que l'on se propose dans les reproductions, il faut pouvoir employer toute espèce de papier : aussi bien le papier à surface lisse que ceux qui sont fabriqués tout exprès pour donner une surface rugueuse, comme les papiers vergés ou les papiers torchons, au moyen desquels les artistes obtiennent quelques effets spéciaux.

» On arrive à ce résultat en trempant d'abord le papier pendant quelques minutes dans la solution suivante :

$$
\begin{array}{ll}
\text{Alun} & 3^{\text{gr}},5\text{o} \\
\text{Gomme} & 1^{\text{gr}} \\
\text{Eau ordinaire} & 100^{\text{cc}}
\end{array}
$$

» On obtient ainsi un renforcement de l'encollage.

» Toutes les feuilles immergées les unes sur les autres sont mises à égoutter en tas; puis, les reprenant une à une, on les passe dans un double buvard pour enlever l'excès d'eau, et on les pose encore tout humides sur un bain d'albumine très fortement ammoniacale. Soit :

$$
\begin{array}{ll}
\text{Albumine} & 100^{\text{cc}} \\
\text{Ammoniaque liquide pure} & 20^{\text{cc}}
\end{array}
$$

Il suffit de laisser la feuille de quinze à vingt secondes sur le bain, puis on la met à sécher.

» L'ammoniaque a la propriété de conserver l'albumine indéfiniment; ce bain sert donc jusqu'à épuisement sans fermentation, et on peut y ajouter des blancs d'œufs au fur et à mesure des besoins.

» Ces feuilles albuminées mates, dont il faut préalablement marquer l'envers au crayon, sont ensuite employées, ainsi que je l'ai indiqué, en coagulant l'albumine par une immersion dans l'alcool faite au moment du transport. Le papier ne cède rien à l'alcool, qui peut servir indéfiniment. »

Procédé Johnson. — La pose ([1]) ayant eu lieu à la façon ordinaire, on immerge le papier gélatino-coloré dans l'eau froide,

------

([1]) *Bulletin de la Société française de Photographie,* juin 1869, d'après *The British Journal of Photography*, 2 avril 1869.

pendant quelques minutes. Le papier se courbe d'abord, mais bientôt il s'étend et devient très maniable. A ce moment on glisse sous ce papier une feuille de verre opale, et l'on enlève, légèrement adhérents l'un à l'autre, les deux subjectiles. Après avoir mis le papier insolé bien au milieu du verre opale, on presse les deux surfaces en contact; aucune pression spéciale n'est nécessaire pour cela, un simple pinceau que l'on passe sur toute la surface est largement suffisant.

Lorsqu'on est sûr que le contact est parfait, que toutes les bulles d'air sont chassées, on éponge le papier adhérent à la glace, à l'aide du papier buvard, jusqu'à ce que sa surface paraisse bien sèche, après quoi on immerge dans une cuvette en étain remplie d'eau portée à la température de 38° environ. On peut opérer immédiatement; cependant M. Johnson pense qu'il est préférable d'attendre quelque temps afin de rendre plus certaine l'adhérence des deux surfaces en contact. Au bout d'une ou deux minutes de séjour dans cette eau, on soulève la glace et l'on voit le papier s'en détacher, entraînant une petite quantité de matière colorante, quoique la plus grande partie reste adhérente au verre qu'on laisse immergé. Après deux nouvelles minutes d'attente, on soulève la glace, et l'on commence à voir l'image. Celle-ci est encore obscure, mais une troisième immersion suffit pour lui faire atteindre son développement parfait.

L'épreuve ainsi obtenue peut d'ailleurs, d'après M. Johnson, être transportée sur papier. Si l'on veut opérer ainsi, il faut, avant toute chose, étendre sur la glace une solution d'acide stéarique dans l'alcool, puis faire subir à la couche ainsi étendue un polissage soigné. Cette couche mince a pour but d'empêcher une adhérence trop grande de la couche insolée à la glace opale. On opère de la même façon que ci-dessus, mais, lorsque l'image sur glace est complètement développée, on étend à sa surface une feuille de papier gélatinée, préalablement mouillée, que l'on presse soigneusement, et l'on abandonne le tout à la dessiccation. Sous cette influence, le papier gélatiné se détache complètement du verre, en entraînant l'image dont celui-ci ne conserve pas trace.

M. Johnson ajoute que toutes les matières grasses infusibles à la température à laquelle s'opère le développement peuvent être employées de cette façon pour empêcher l'adhérence au verre de la couche insolée. Il a employé le caoutchouc, la gutta-percha, la cire, l'acide stéarique dissous dans l'ammoniaque ou dans l'alcool ; c'est à l'aide de ce dernier qu'il a obtenu les meilleurs résultats.

Il est bon de faire remarquer que l'épreuve terminée présente ainsi une surface absolument semblable à celle du verre auquel elle adhère. Aussi, pour obtenir des résultats variés, M. Johnson a-t-il adopté un tour de main simple et ingénieux, consistant à employer une glace dont l'un des côtés est poli, et dont l'autre est dépoli. De cette façon, suivant que l'image au charbon est développée sur le côté poli ou sur le côté dépoli, elle présente, une fois terminée, ou bien une surface brillante, ou bien une surface mate.

En 1869, M. Audra a utilisé l'adhérence de la couche de gélatine colorée sur le verre pour l'y laisser après avoir décollé le papier. Il applique sous l'eau sur le verre le papier gélatiné impressionné, passe le rouleau, laisse sécher et met dans l'eau chaude ; le papier se détache, la couche gélatinée reste sur le verre, et on en continue le développement. On peut coller ensuite un papier blanc ou teinté, ce qui donne une image sous verre et redressée. Le procédé est simple et n'exige pas de cliché retourné.

M. Johnson prit ensuite un brevet, dont voici le texte ([1]) :

« Mon invention réside dans certains perfectionnements apportés à la préparation des surfaces employées à la production de ces photographies dont la matière colorante est le charbon (noir de lampe) ou tout autre pigment.

» 1. Lorsqu'on veut obtenir des épreuves de ce genre, on a pour habitude de mélanger la couleur broyée à l'eau avec de la gélatine, de l'albumine, de la gomme ou leurs analogues, ainsi qu'avec du sucre ou ses analogues, et d'étendre le mélange ainsi formé sur le papier ou sur toute autre surface. Le sucre est ajouté dans le but de donner de la flexibilité au papier, d'augmenter sa sensibilité à la lumière et sa solubilité dans l'eau, au contact de laquelle il doit plus tard être placé lorsqu'il s'agit de révéler ou de développer l'image....

([1]) *Bulletin de la Société française de Photographie,* novembre 1870.

» On a reconnu que l'addition du sucre, à côté des avantages
qu'elle présente, avait aussi quelques inconvénients sérieux. Le
papier préparé de cette façon est trop aisément attaqué par l'humidité ; la couche gélatinée est tellement soluble qu'elle est susceptible de se détacher dans le bain du bichromate, même sous
l'influence de la température ordinaire de l'été. La solubilité du
sucre détermine cette dissolution et par suite l'altération du bain ;
et comme ce résultat se produit avec une intensité variable suivant
les circonstances, il en résulte que l'on ne peut compter sur aucun
résultat certain.

» Ceci posé, la première partie des perfectionnements auxquels
je fais allusion consiste dans la substitution au sucre d'une substance ou de substances capables de donner de la flexibilité au tissu,
solubles dans l'eau, mais insolubles dans la solution sensibilisatrice,
c'est-à-dire dans le bichromate ou les composés analogues. Les
substances les meilleures que j'aie rencontrées dans ce but sont les
savons solubles, c'est-à-dire les stéarates ou oléates des alcalis, et
particulièrement le savon mou ou oléate de potasse. Ces substances,
quoique possédant à un haut degré les propriétés du sucre à ce
point de vue, non seulement ne sont sujettes à aucune des objections que permet l'emploi de cette dernière, mais encore elles
donnent aux matières colorantes, avec lesquelles elles sont mélangées, des propriétés nouvelles.

» J'ai reconnu qu'il ne fallait ajouter à la gélatine qu'une très
petite quantité de ce savon ; par exemple, pour faire une bonne
composition qui couvre bien le papier et lui communique les qualités désirées, c'est-à-dire la flexibilité et l'infusibilité dans le bain
sensibilisateur, aussitôt que la température s'élève, je prends :

Gélatine............................... 1 livre (453^{cc})

Eau .... 4 livres $\frac{1}{2}$ (2^{lit})

» Je colore la solution suivant ce qu'exigent les circonstances ;
j'ajoute, par exemple, 100 grains (6^{gr},47) de noir de lampe réduit
en poudre impalpable, et j'additionne de 1 once (31^{gr},09) de savon
mou.

» Je commence par dissoudre la gélatine dans l'eau, j'ajoute
ensuite le noir, puis, lorsque le mélange est bien intime, je verse

peu à peu le savon préalablement dissous dans l'eau distillée. Mais ces proportions peuvent varier considérablement, par exemple l'addition de 1 pour 100 de savon suffit déjà pour diminuer le brillant de la gélatine, tandis que l'on peut en ajouter jusqu'à 10 ou 15 pour 100 sans qu'il en résulte aucune altération sérieuse du produit. Je préfère cependant employer les proportions de savon indiquées plus haut.

» Si l'on désire préparer d'un seul coup le tissu tout ensemble, aux quantités indiquées ci-dessus on ajoutera 1 once $\frac{1}{2}$ (46^{gr}) de bichromate double de potasse et d'ammoniaque dissous dans la plus petite quantité d'eau potable, après avoir additionné la solution de quelques gouttes d'ammoniaque.

» Les composés ainsi formés, qu'ils soient insensibles ou non, seront étendus sur le papier à la manière ordinaire.

» Ce que je réclame actuellement pour la préparation du papier ou d'autres surfaces destinées à la production d'images photographiques, c'est l'emploi d'un pigment formé de gélatine, ou de ses congénères, et de stéarates ou oléates alcalins, employés comme il a été dit ci-dessus.

» 2. On emploie d'une manière courante, pour obtenir des épreuves photographiques, l'encre d'imprimerie ou d'autres couleurs broyées à l'huile; les susdites couleurs étant mélangées avec du bitume ou de l'asphalte, ou bien avec du savon, du suif et d'autres corps gras, le tout, mélangé ou non de bichromate. Dans ce cas, le papier coloré par des mélanges de cette nature est, après exposition à la lumière, traité par de l'essence de térébenthine, de la benzine, ou d'autres dissolvants des corps gras. Le composé primitif sur lequel la lumière n'a pas agi est dissous par ce véhicule, tandis que celui qui a été insolé a perdu sa solubilité et est resté pour former l'épreuve.

» J'ai reconnu que, pour fixer l'encre d'imprimerie ou toute autre couleur grasse, on pouvait substituer au mélange de bitume et d'autres corps la gélatine et les bichromates alcalins, lorsque, dans le mélange ci-dessus, on faisait entrer les savons solubles. Dans ce cas, il me suffit de remplacer la couleur broyée à l'huile par une couleur broyée à l'eau; le composé est ensuite étendu à la surface du papier, exposé à la lumière, puis traité par l'eau chaude, laquelle développe l'image exactement comme dans le premier cas. L'avantage que présente la substitution au bitume d'une semblable matière est la grande augmentation de la sensibilité et la possibilité de remplacer par l'eau chaude les dissolvants volatils et inflammables dont il faudrait, sans cela, faire usage.

» Dans la pratique de cette invention, je substitue au noir broyé à l'eau, dont il a été fait mention dans la première partie de cette spécification, une quantité relativement égale du même noir broyé à l'huile. Mais ce noir à l'huile doit préalablement avoir été broyé de nouveau avec le savon mou et un peu d'eau ; ce n'est qu'après ce traitement qu'on l'ajoute peu à peu à la gélatine.

» Je revendique donc, comme mon invention, l'emploi, pour la préparation du papier ou d'autres surfaces destinées à la production d'images photographiques, d'une matière colorante formée d'encre d'imprimerie ou d'autres couleurs à l'huile, de gélatine ou de ses congénères, et de stéarate ou oléate alcalins.

» 3. Mon troisième perfectionnement a pour but le remplacement de la gélatine et des produits analogues, soit en totalité, soit en partie, par certains autres composés organiques ayant la propriété d'être insolubles dans l'eau chaude, mais seulement solubles dans d'autres véhicules, tels que l'ammoniaque, les alcalis ou leurs sels. Les composés les plus remarquables que j'ai expérimentés dans ce but sont les produits protéiques, tels que la caséine, la légumine, l'albumine modifiée et leurs congénères.

» Un pigment ainsi formé et mélangé de bichromate de potasse est sensible à la lumière, mais l'image ne peut se révéler sous l'action de l'eau chaude que si l'on additionne celle-ci de quelques gouttes d'ammoniaque ou d'un autre alcali doué des mêmes propriétés.

» En pratique, je forme un caillé comme s'il s'agissait d'obtenir du fromage, en précipitant le lait à l'aide de la présure ou d'un acide. Je recueille le caillé sur un filtre, et après l'avoir partiellement égoutté par pression, je le dissous dans une solution étendue d'ammoniaque. Cette solution, qui doit être aussi épaisse que l'est la solution obtenue en dissolvant la gélatine dans quatre fois et demie son poids d'eau, prend la place de celle-ci ; c'est-à-dire qu'après avoir distrait une partie de la solution de gélatine, je la remplace par une quantité correspondante de solution de caséine. On peut faire varier considérablement les quantités de l'un que l'on remplace ainsi par d'égales quantités de l'autre. En employant 10 pour 100 de caséine, on obtient un tissu qui ne se dissout plus que dans l'eau additionnée d'une petite quantité d'ammoniaque; si la quantité substituée est deux ou trois fois plus considérable, la qualité du tissu ne s'en trouve nullement altérée. La meilleure méthode pour faire la substitution m'a paru, d'ailleurs, consister dans le mélange préalable de la caséine et de la solution de savon, et dans l'addition subséquente de ce mélange à la solution gélatineuse. Le savon, il est vrai, n'est pas dans ce cas absolument nécessaire, car la caséine seule donne la flexibilité au tissu.

» Je revendique l'emploi, pour les préparations photographiques, d'un pigment formé en substituant, totalement ou partiellement, à la gélatine ou à ses congénères, le caillé, la caséine, ou toute autre substance organique de cet ordre, insoluble par conséquent dans l'eau chaude, mais susceptible de se dissoudre dans l'eau additionnée d'ammoniaque, d'alcalis ou de substances salines.

» Dans tous les composés que je viens de décrire, à la place du savon mou du commerce je préfère employer l'oléate de potasse obtenu directement par le mélange de l'acide oléique et de l'alcali. J'emploie également l'oléate d'ammoniaque, et j'ai reconnu que tous les savons du commerce possèdent à peu près les mêmes propriétés sous ce rapport. »

Procédé Gobert. — « Mes papiers (¹) gélatinés et colorés sont préparés de la manière suivante. Je fais usage de la gélatine de Grenet de Rouen ; j'ai rencontré des gélatines, dites de Dieuze, qui marchaient également bien.

» J'applique sur une glace, mise de niveau, une feuille de papier épais, sans colle : celui dont se servent les imprimeurs est parfait. Je mouille la feuille à grande eau, elle s'étend d'elle-même sur la glace, je relève alors les quatre côtés de manière à former une espèce de cuvette en papier mouillé dans laquelle je verse la solution de gélatine colorée.

(¹) *Bulletin de la Société française de Photographie,* mai 1870.

» Il importe beaucoup de ne pas mettre une couche trop épaisse de gélatine, afin d'éviter le recroquevillement des papiers lors de la dessiccation. J'ai calculé qu'il fallait $0^{gr},80$ de gélatine *sèche* pour 100^{cq} de surface, ce qui revient pour les dimensions :

$$18 \times 24 \quad \text{à} \quad 3^{gr},45, \qquad\qquad 21 \times 27 \quad \text{à} \quad 4^{gr},53,$$
$$27 \times 33 \quad \text{à} \quad 7^{gr},12, \qquad\qquad 30 \times 36 \quad \text{à} \quad 8^{gr},64.$$

» Naturellement ces chiffres n'ont rien d'absolument rigoureux, je les indique pour guider l'opérateur en lui recommandant de ne pas trop s'en écarter, soit en plus, soit en moins.

» La solution de gélatine faite à raison de 7 pour 100 d'eau est fort commode à employer, elle s'étend avec facilité et fait prise en un quart d'heure à la température moyenne des laboratoires ou appartements.

» Les feuilles sont suspendues; la dessiccation s'opère du jour au lendemain; elles sont alors conservées en rouleau, la gélatine en dehors : ce qui permet une immersion facile dans le bain sensibilisateur.

» Le mélange des poudres colorantes avec la gélatine est d'une grande importance et demande à être très soigneusement effectué. Plus les poudres sont fines et légères, meilleures sont les épreuves, et plus grande est leur finesse. L'encre de Chine délayée dans l'eau, et qui s'y trouve presque à l'état de dissolution complète, formerait la plus parfaite matière à employer si elle ne donnait généralement des images froides, surtout dans les demi-teintes.

» Il faut éviter avec grand soin de faire emploi de couleurs contenant des traces de matières grasses, car elles forment avec la gélatine et les bichromates (même dans l'obscurité complète) un corps insoluble. D'une manière générale, il faut également éviter la présence de substances étrangères, comme gomme, miel, sucre, albumine, etc. Elles produisent aussi, avec le temps, l'insolubilisation de la gélatine. Les couleurs doivent être rigoureusement broyées à l'eau simple.

» La composition chimique de certaines couleurs produit également l'insolubilisation. Il faut naturellement les exclure. Les composés mercuriels sont dans ce cas. La liste est peut-être longue, j'y reviendrai plus tard.

» La question est fort importante, car le mélange des poudres diversement colorées avec la gélatine fournit à la Photographie une palette d'une très grande richesse et d'une grande variété de tons.... »

M. Gobert indique ensuite sa façon de procéder pour redresser l'image.

« ... Lorsque le cliché ne peut être retourné, l'image elle-même doit être redressée. Voici comment je pratique :

» Après l'insolation, je verse sur le papier gélatiné une couche de collodion normal à 1 pour 100; j'applique le tout sur une autre feuille de papier albuminé, insolubilisé à l'alcool et encore humide de ce liquide ; je presse cet ensemble pendant peu de temps et je développe comme d'habitude à l'eau chaude. Le résultat obtenu est une épreuve à l'envers : pour la retourner, il me suffit de l'appliquer sur une feuille de papier quelconque, préalablement mouillé, de mettre sous presse, afin d'avoir un contact parfait, et de laisser sécher; puis de plonger le tout dans un mélange d'alcool et d'éther, qui dissout la couche de collodion et permet ainsi à la feuille premier support de se séparer de la seconde. L'image est ainsi redressée : il faut en général deux heures d'immersion dans l'éther alcoolisé pour, non pas dissoudre réellement le collodion, mais lui faire perdre ses qualités adhésives. Comme principe, le procédé que je viens d'avoir l'honneur de décrire a quelque analogie avec celui employé par M. Swan. Je remplace le papier caoutchouté par une pellicule de collodion. Je supprime la benzine, si désagréable à employer, et je la remplace par l'éther et l'alcool, d'une odeur certainement plus agréable. Mais le grand avantage est la sûreté de l'opération, qui ne manque jamais. Quant au prix de revient, il est insignifiant, le liquide dissolvant pouvant servir pour un grand nombre d'épreuves. »

M. Gobert a proposé, en 1873, le développement sur plaque métallique :

« ... Ce procédé (¹) offre des avantages sérieux : il permet un

---

(¹) *Bulletin de la Société française de Photographie,* décembre 1873.

développement rapide, commode, et, surtout, il donne des images dans le sens direct sans retournement de clichés.

» ... Après l'insolation, je plonge dans l'eau ordinaire le papier gélatiné que je laisse se pénétrer entièrement; puis je glisse en dessous une plaque polie, de cuivre ou de zinc, préalablement frottée, avec un tampon de coton, d'un vernis formé de :

```
Alcool à 40° ................................... 100 cc
Stéarine........................................   1 gr
Résine ordinaire...............................    2 gr
```

» Le papier gélatiné et la plaque de métal sont retirés de l'eau d'un même coup, et mis à égoutter par un angle; avec un rouleau de caoutchouc ou une raclette, on chasse l'eau interposée, puis on donne un léger coup de presse. Cette dernière opération n'est pas absolument indispensable.

» En cet état, on peut et il faut procéder immédiatement au développement à l'eau très chaude, voire même bouillante. La séparation du papier support a lieu très promptement; l'image s'offre d'abord lourde, empâtée, mais ne tarde pas à se dégager, avec des modelés et des finesses admirables.

» Au sein de l'eau, l'adhérence de la gélatine sur le métal est complète; il ne se produit jamais de soulèvements ni de déchirements. Le métal poli, le cuivre surtout, permet d'apprécier les modelés les plus délicats; d'une manière générale, ceux-ci doivent toujours être très légers, car ils foncent en séchant.

» L'épreuve complètement développée est lavée et alunée comme d'habitude, puis, toujours sous l'eau, recouverte de son papier de collage définitif. Ce dernier peut être du papier gélatiné ou du papier albuminé coagulé par l'alcool. On passe au rouleau pour chasser l'eau, et on laisse sécher spontanément.

» Lorsque l'ensemble est sec, le subjectile se détache, pour ainsi dire, de lui-même, et emporte l'image en laissant la plaque métallique très nette et parfaitement propre pour une autre opération. Ce résultat est obtenu à l'aide du vernis gras et résineux indiqué ci-dessus. »

M. Gobert indique ensuite qu'il obtient encore un meilleur mo-

dclé en versant sur la plaque de métal, enduite de vernis, du collodion à 4ᵍʳ· de coton-poudre pour 1ˡⁱᵗ de dissolvant. Cette mince
couche de collodion rend la séparation plus facile et la réussite
certaine.

La stéarine avait été employée sur papier albuminé, l'année
précédente, par M. Vidal, suivant le détail ci-après.

Procédé Vidal. — « On prend (¹) du papier albuminé que l'on
coupe à la dimension voulue, puis on plonge en entier ces feuilles,
et pendant dix minutes environ, dans une solution à saturation
d'acide stéarique dans de l'alcool ordinaire. On ajoute 5ᵍʳ de
résine pour 100ᵍʳ d'alcool et l'on filtre.

» Les feuilles, sorties de ce bain une à une, sont mises à sécher,
piquées par un coin sur le rebord d'une planche.

» Avant d'en user, on passe sur la surface albuminée un tampon
de coton, de manière à supprimer les efflorescences de stéarine
qui ont pu se produire.

» La mixtion impressionnée est, comme d'ordinaire, appliquée
dans l'eau contre la surface albuminée; on chasse l'excès d'eau,
entre du buvard, à l'aide d'une raclette, et on laisse s'écouler un
quart d'heure environ avant de procéder au développement. L'eau
chaude qui y sert ne doit pas dépasser plus de 35° à 40°.

» Après l'alunage et les lavages nécessaires, on laisse égoutter
l'épreuve un moment, puis on la couche sur un bain de gélatine
à 15 pour 100 environ, maintenu tiède. On la relève et on la pique
par un coin contre une planche. La gélatine y a bientôt fait prise;
on peut, dès ce moment, procéder au redressement, en appliquant
sous l'eau le papier de support définitif contre la surface gélatinée. On passe de nouveau la raclette pour enlever l'excès de liquide et on abandonne à la dessiccation spontanée. Dès qu'elle est
complète, la séparation des deux papiers se fait avec une grande
facilité, et le papier de report provisoire est de nouveau apte à servir.

» Seulement il est bon de passer à sa surface albuminée un
tampon de coton imprégné de la solution stéarique ci-dessus in-
diquée.

» Quand on veut reporter l'image sur un papier à grandes marges, dans un album, dans un cadre délimité à l'avance, il faut nécessairement attendre que la dessiccation de la gélatine et de l'image ait eu lieu, pour pouvoir la rogner à la dimension voulue. Dans ce cas, le mieux est, après que la gélatine a fait prise, de plonger l'épreuve en entier dans un bain contenant 15 pour 100 de sucre et 5 pour 100 de glycérine; puis on laisse sécher.

» Cette précaution a pour objet d'éviter que, par l'effet d'une dessiccation complète, la séparation de la pellicule portant l'image d'avec le papier de report ne vienne à s'effectuer spontanément et surtout au moment où l'on couperait les bords de l'image.

» Le transport définitif, dans l'un de ces derniers cas, ne peut se faire dans l'eau : il est nécessaire de gélatiner préalablement au pinceau l'espace qui doit recevoir l'image; puis on mouille au pinceau la surface de l'image et on applique les deux surfaces de manière à ne pas emprisonner de bulles d'air, et on laisse entre du buvard sous une pression qui n'a pas besoin d'être bien forte.

» Dès que tout est sec, la séparation du papier de report provisoire s'opère spontanément.

» Parmi tous les corps isolants, la stéarine nous a paru être celui qui est le plus susceptible d'être mouillé. Nous avons essayé beaucoup d'autres substances isolantes sans arriver au même succès, au double point de vue de la préparation des papiers de report provisoire et de la certitude de la régularité du redressement. »

CHAPITRE III.

RENSEIGNEMENTS RELATIFS A L'EMPLOI DES BICHROMATES.

Les précautions à prendre dans la préparation de la couche de gélatine colorée ont été indiquées en détail dans plusieurs des procédés qui ont été examinés ci-dessus. Il reste à donner quelques renseignements relatifs à l'emploi des composés à base d'acide chromique; nous suivrons l'ordre des opérations.

Réaction et conservation du papier sensibilisé. — M. Swan, qui a effectué des recherches nombreuses et approfondies sur la réaction que la lumière détermine dans les papiers sensibilisés au bichromate et sur leur conservation, s'exprime à ce sujet comme il suit :

« ... J'ai reconnu (¹) dans certains cas, que les feuilles de papier gélatiné étaient susceptibles de devenir totalement insolubles pendant leur dessiccation. A la vérité, lorsque j'obtenais avec une même gélatine et une même couleur des feuilles toutes solubles, tandis qu'en faisant varier soit la gélatine, soit la couleur, ces mêmes feuilles devenaient insolubles, l'expérience venait me fournir l'explication des différences présentées par les résultats, et me conduisait par induction à n'employer que la gélatine ou la couleur garantissant au tissu la solubilité; mais, on le reconnaîtra aisément, il n'est guère satisfaisant d'opérer ainsi en aveugle. La qualité des matériaux à employer se trouve ainsi tout à fait restreinte, et, même en se limitant à ceux que l'on connaît bien, on n'évite jamais complètement les causes d'accidents et d'irrégularités. Tel lot de feuilles que l'on a préparées avec les mêmes pro-

---

(¹) *Bulletin de la Société française de Photographie,* août 1870, d'après *The London Photographic Journal,* 18 mai 1870.

duits que l'on a employés pour le lot précédent, en suivant une marche que l'on croit identique à celle que l'on a déjà suivie, se présente cependant avec des allures tout à fait différentes : le premier lot, par exemple, était parfaitement soluble ; le second ne l'est pas. Sans doute, dans ces circonstances, quelque différence s'est produite, sans que l'opérateur s'en aperçût, dans le mode de préparation ; car il n'y a pas de cause sans effet. Ainsi, à la suite d'observations prolongées, j'ai reconnu que, tant que les feuilles restent humides, il se produit dans la couche un changement analogue à celui qui se manifeste sous l'action lumineuse, et que ce changement s'accélère au fur et à mesure que les feuilles se rapprochent du point de dessiccation. La chaleur, je l'ai vérifié, rend plus rapide cette décomposition, qui aboutit à l'insolubilité de la couche. Les feuilles solubles, d'ailleurs, perdent d'autant moins vite leurs qualités qu'elles sont plus soigneusement conservées dans une atmosphère sèche.

» Ces observations m'ont été très utiles dans mes recherches. Connaissant ainsi une partie des circonstances dans lesquelles le tissu devient insoluble, j'ai pu, en général, conduire la dessiccation de manière à garantir la solubilité de mes feuilles. J'ai rencontré cependant des cas où, sans cause apparente, le tissu devenait insoluble aussitôt qu'il était sec ; la sensibilité de la couche persistait néanmoins quelquefois. Il arrivait, en effet, que l'insolubilité était toute superficielle, c'est-à-dire que la surface extérieure seule, à une profondeur inappréciable, avait perdu sa solubilité ; d'où résultait sur l'épreuve terminée une teinte légère, analogue à celle qu'on aurait obtenue sur un papier à l'argent, ancien et coloré. Ces irrégularités m'ont conduit à rechercher quelle était la nature du composé chromo-gélatiné formé par l'insolubilisation. J'ai été guidé dans mes recherches par la connaissance de ce fait que l'acide chromique et les chromates ou bichromates solubles sont aisément décomposés par les substances qui ont de l'affinité pour l'oxygène ; ces substances enlèvent l'oxygène à l'acide et le ramènent à un état inférieur d'oxydation, de telle sorte que, par la réduction complète, le composé chromique passe de l'état d'acide à l'état de base. Cette métamorphose se produit rapidement sous l'influence des acides oxalique, tartrique et citrique, ainsi que de diverses autres substances. Lorsque l'acide chromique est libre ou qu'on emploie le bichromate d'ammoniaque, la chaleur suffit à mettre en liberté la quantité d'oxygène que ces corps retiennent faiblement, et dont la présence leur communique la qualité acide ; lorsque cette quantité a disparu, le composé est passé à l'état basique.

» J'ai été préoccupé également de ce fait, que la gélatine se combine avec certains oxydes métalliques et forme avec eux des composés insolubles. J'ai été ainsi amené à penser que le composé gélatiné insoluble sur l'existence duquel repose le procédé au charbon est probablement une combinaison de gélatine soit avec l'oxyde de chrome provenant de la réduction de l'acide chromique, soit avec un sel ayant l'oxyde de chrome pour base. Partant de là, j'ai essayé d'ajouter à une solution de gélatine une solution de sel de chrome : la gélatine était chaude, et, malgré cela, elle s'est transformée immédiatement en une gelée ferme, qu'il a été impossible de liquéfier ensuite de nouveau par l'action de la chaleur, et qui était totalement insoluble dans l'eau chaude. Cette expérience a jeté une vive lumière sur la théorie chimique du procédé ; jointe aux observations déjà faites, elle m'a amené à cette conclusion, que, sous l'action de la lumière, la gélatine réduit l'acide chromique du bichromate à un état inférieur d'oxydation, et qu'elle entre alors en combinaison avec l'oxyde de chrome produit par cette réduction ; combinaison qui se manifeste par la formation de ce composé insoluble, analogue au cuir, et avec lequel la pratique du procédé au charbon nous a familiarisés. Accessoirement, une partie de la gélatine se trouve détruite, tandis qu'il se forme de l'acide carbonique et peut-être quelque acide organique.

» L'expérience m'a démontré que l'addition du sucre au mélange gélatiné favorise la réduction de l'acide chromique ; et je considère comme fort probable que, dans les cas où le sucre fait partie constituante du tissu, c'est lui, bien plus que la gélatine, qui s'approprie l'oxygène abandonné par l'acide chromique. Dans ce cas, il se formerait soit de l'acide oxalique, soit de l'acide saccharique.

» D'après mes essais, il n'y a aucun avantage à substituer dans le mélange gélatiné soit le glucose, soit la glycérine, au sucre ; ces deux substances tendent à produire l'insolubilité, ou tout au moins à retarder la solubilité ; la glycérine a, sous ce rapport, une action spéciale.

» J'ai reconnu que le composé chromo-gélatiné était soluble dans une solution de chlorure de chaux et dans l'eau oxygénée.

» Après avoir établi les faits qui précèdent, les causes de beaucoup d'accidents me sont devenues apparentes, et j'ai pu apporter à ces accidents les remèdes convenables. Par exemple, j'ai pu supprimer complètement un des inconvénients que j'ai signalés plus haut, et résidant en ce fait, que les couches sensibles subissent souvent à la surface une décomposition partielle pendant la dessiccation, ce qui donne des épreuves teintées. Pour cela, il m'a suffi de répandre un peu de chlorure de chaux sur le sol de la chambre où se produit la dessiccation des feuilles. Connaissant la théorie du procédé, ce remède s'est présenté de lui-même; mais, sans cela, l'inconvénient eût subsisté longtemps encore.

» A l'aide de la théorie chimique de la conversion en produit insoluble de la gélatine primitivement soluble, j'ai pu me rendre compte de l'effet de diverses matières colorantes et des impuretés que peuvent contenir les différents produits employés. Lorsque cet effet m'a paru de nature à compromettre le résultat, j'ai modifié les formules par l'addition d'agents convenables; lorsque cela m'était impossible, j'ai rejeté l'emploi de ces produits.... »

La durée de conservation du mélange bichromaté dépend de différentes influences. D'une façon générale, elle sera d'autant plus longue que la désoxydation du sel de chrome sera rendue moins facile, soit par le mode de préparation, soit par les conditions dans lesquelles le papier sera ensuite placé.

M. Despaquis a réussi à obtenir une préparation susceptible de se conserver pendant plusieurs mois ([1]) toute sensibilisée. Il recommande dans ce but les conditions suivantes :

Eau de pluie ou distillée;
Gélatine parfaitement débarrassée de gras;
Bichromate d'ammoniaque et non de potasse;
Couleurs ammoniacales si l'on veut ajouter des couleurs, et encre de Chine ou charbon calciné et bien dégraissé.

([1]) Dans la séance de décembre 1868, M. Soulier a présenté à la Société française un rapport constatant qu'un tel papier, préparé par M. Despaquis, était sans altération et aussi sensible au bout de cinq mois.

Il ajoute ([1]) :

« Il m'est arrivé, en employant différentes gélatines, d'avoir du papier se conservant sensible lorsqu'il était fait avec l'une, et devenant rapidement insoluble lorsqu'il était préparé avec une autre gélatine, parce que cette autre gélatine contenait du gras. Je me suis adressé à un fabricant de gélatine pour le prier de me dire s'il pouvait garantir de me fournir de la gélatine exempte de graisse. Voici sa réponse : « La gélatine que vous me demandez vous sera » fournie exactement comme il vous la faut, et vous pourrez garantir la durée de sensibilité de votre papier en employant pour la » faire des dentelles, c'est-à-dire des découpures d'os qui ont servi » à faire des boutons. Ces dentelles contiennent très peu de gras, » et, à la cuisson, en faisant écouler le quart ou la moitié de la gélatine qui aura entraîné tous les corps gras, et en recevant et mettant le reste à part pour vous, vous pourrez être certain d'avoir » de la gélatine comme vous le désirez. »

» J'ai essayé et depuis quatre mois je me sers de la même main de papier, et la dernière feuille, après ces quatre mois, est absolument aussi sensible qu'au lendemain de sa préparation.... »

M. Despaquis recommande aussi de conserver le papier préparé dans un endroit frais, une cave par exemple.

Au point de vue de la conservation, le chromate est préférable au bichromate, car il est plus stable et, par conséquent, moins sujet à une décomposition accidentelle.

Kopp recommande le chromate double de potasse et d'ammoniaque dans les termes suivants :

« Pour préparer ([2]) facilement le chromate double de potasse et d'ammoniaque à l'état de pureté, le mieux est d'opérer de la manière suivante :

» On se procure d'abord, par plusieurs recristallisations, du bichromate de potasse parfaitement pur. On introduit une certaine quantité de ce sel dans un ballon sphérique à parois assez résistantes, et on y verse de l'ammoniaque liquide pure et concentrée,

---

([1]) *Bulletin de la Société française de Photographie,* janvier 1873.
([2]) *Ibid.,* juillet 1864.

en agitant constamment, jusqu'à ce qu'une odeur forte et persistante d'ammoniaque indique qu'il y a excès d'alcali volatil.

» On bouche bien le ballon et on le chauffe au bain-marie jusqu'à dissolution complète. Par le refroidissement, le sel double cristallise en abondance et à l'état de pureté parfaite. On ouvre le ballon, on décante les eaux mères, et l'on fait sécher les cristaux sous une cloche au-dessus de chaux vive et dans une atmosphère légèrement ammoniacale.

» Le chromate potassico-ammonique, soit pur, soit additionné d'un sel ammonique, dont l'acide peut varier, suivant qu'on veut plus ou moins modifier la réaction, est un excellent agent photographique, puisque le sel non décomposé n'attaque nullement la cellulose. Il se prête surtout à l'obtention d'images positives, au moyen de négatifs préparés d'après les procédés ordinaires.

» On peut imprégner le papier d'une solution concentrée de sel et laisser sécher dans l'obscurité à la température ordinaire, sans qu'il y ait altération.

» Le papier reste jaune et prend seulement, à la longue et peu à peu, une teinte jaune orangé. Il se maintient actif pendant assez longtemps. Mais dès qu'on expose le papier ainsi préparé à la lumière du jour et surtout aux rayons directs du soleil, on le voit au bout de très peu de temps acquérir une couleur brune de plus en plus foncée et intense....

» Il nous paraît hors de doute que le chromate potassico ou sodico-ammonique peut remplacer avec avantage le bichromate de potasse dans tous les procédés photographiques dans lesquels on fait usage de ce dernier sel, comme, par exemple, pour les photographies à la gélatine, au charbon, etc.... »

M. Jeanrenaud a étudié tout particulièrement l'emploi de la sépia naturelle (¹), extraite de la vessie du poisson appelé sèche, et a indiqué le moyen de préparer cette matière colorante qui, par sa légèreté et sa transparence, donne des images très délicates, bien supérieures à celles, de teinte analogue, que l'on obtient au moyen de composés à base de fer. Ayant constaté que cette sépia et le

---

(¹) *Bulletin de la Société française de Photographie,* mars 1872.

charbon de sucre obtenu par l'acide sulfurique rendent en peu de
temps insoluble et inutilisable la gélatine avec laquelle ils sont
mélangés, en présence du bichromate, il eut l'idée d'épuiser
d'abord l'action du bichromate sur ces substances; pour cela, elles
furent soumises à l'ébullition avec du bichromate, puis lavées avec
soin et employées comme matières colorantes dans un mélange neuf
de gélatine et de bichromate ; les feuilles ainsi préparées, sensibilisées, se conservèrent très bien et donnèrent un bon développement. Ce procédé pourrait être généralisé et appliqué aux autres
charbons et pigments, de façon à les rendre inactifs.

Le bichromate d'ammoniaque est beaucoup plus soluble que le
bichromate de potasse ; la solubilité de ce dernier est de 10 pour 100
vers 19°. Il est préférable d'employer une dissolution au-dessous
du point de saturation, afin d'éviter la cristallisation et une décomposition plus rapide.

Le papier, sec, doit être maintenu dans une atmosphère sèche.

Il faut éviter le contact avec des vapeurs réductrices qui pourraient entraîner la désoxydation du sel de chrome.

La chaleur favorise la décomposition.

Impression par la lumière. — Les papiers au bichromate, étant
très sensibles à la lumière, plus que les papiers photographiques
ordinaires à l'argent, doivent être surveillés de près pendant l'exposition. On y parvient soit en employant un photomètre, soit
en se servant simplement, comme terme de comparaison, d'un
papier sans pigment, qui a été sensibilisé dans le même bain que
le papier au charbon, et dont les changements de coloration servent
de guide pour se rendre compte des progrès invisibles de l'autre.

En 1872, M. le capitaine Abney a constaté qu'un papier gélatiné
bichromaté, exposé de façon à ne donner qu'un commencement
d'image, continue à s'impressionner dans l'obscurité, de telle sorte
que l'épreuve est complète le lendemain. Il a montré aussi que le
papier exposé seulement une demi-seconde à la lumière solaire
avait subi un commencement d'action qui pouvait être continué
sur l'épreuve soumise hors du châssis aux rayons jaunes, orangés,
ou rouges, conformément aux expériences d'Ed. Becquerel sur
les rayons continuateurs. On a utilisé la première de ces deux ob-

servations à l'arsenal de Woolwich (¹) pendant l'hiver, et l'on a produit ainsi des milliers d'épreuves au charbon. On a trouvé que, dans la pratique, il convenait, excepté pour les négatifs très denses, d'exposer à la lumière pendant la moitié du temps normal, le reste du travail exigeant seulement quinze à dix-huit heures; le développement se faisait le lendemain. La présence de l'humidité semble retarder l'action. Il suffit d'enfermer les épreuves dans une boîte. Cette action, due à la continuation de la réaction chimique commencée par la lumière, permet d'accélérer le tirage pendant les temps sombres.

Développement. — Dans le cas ordinaire, les papiers au charbon sont développés comme il a été exposé dans les différents procédés.

Lorsque la pose a été exagérée, on peut hâter le développement et débarrasser les blancs par plusieurs moyens.

M. Marion emploie dans ce but le sel marin en dissolution moyennement concentrée, qui a la propriété de dissoudre la gélatine insolubilisée.

M. Jeanrenaud se sert d'une solution faible de cyanure de potassium, 1^{gr} à 4^{gr} pour 100^{cc} d'eau. Pour dépouiller les blancs, il plonge rapidement l'épreuve dans la solution de cyanure et lave dans l'eau aussi froide que possible; s'il s'agit simplement de tirer parti d'une épreuve surexposée, il continue le développement, après le bain de cyanure, dans une eau plus ou moins chaude. Il a recommandé ensuite le carbonate d'ammoniaque, qui ne présente pas les dangers du cyanure, mais qui est moins énergique et doit être employé à 3 ou 4 pour 100.

M. Le Cornet a proposé en 1884 de développer par une solution froide assez concentrée de sulfocyanure d'ammonium. Avec une solution à 10 pour 100 et de l'eau tiède, M. Chardon a obtenu d'excellents résultats.

Enfin, pour renforcer des épreuves trop faibles, Swan a indiqué en 1872 le permanganate de potasse; il se forme du sesquioxyde de manganèse, avec oxydation de la matière organique.

(¹) *Bulletin de la Société française de Photographie,* juin 1872.

CHAPITRE IV.

MARIOTYPIE.

Une variante des procédés au bichromate a été exposée en 1873 par M. Marion.

« J'ai l'honneur (¹) de soumettre à la Société quelques épreuves d'essai obtenues au charbon dans leur vrai sens, sans transport et par un procédé analogue à celui des sels d'argent, quoique en différant complètement par les matières employées.

» Nous n'osons dire si ce procédé est encore appelé à renverser les procédés usités à ce jour, mais nous constatons un principe nouveau reposant sur des bases solides et pratiques.

» Ceci dit, voici la manière d'opérer : sensibiliser le papier albuminé coagulé en le faisant flotter sur un bain de bichromate de potasse à 4 pour 100, et alun de chrome à 2 pour 100.

» Exposer sous un négatif un temps convenable, relativement très court, car ce papier est très sensible : une à cinq minutes suffisent, suivant l'intensité de la lumière.

» Un avantage considérable est de permettre à l'opérateur de suivre au châssis-presse, sans photomètre, la venue de l'épreuve.

» L'image est apparente, bien formée, mais fugace; il s'agit de lui donner une coloration et de la fixer.

» La pellicule de gélatine colorée, sans support, que nous fabriquons depuis quelque temps, sert admirablement ce nouveau procédé.

» Cette pellicule en gélatine colorée est donc posée humide sur l'épreuve, et le tout mis en pression au châssis-presse ou toute autre presse, pendant quelque temps (cinq à dix minutes).

(¹) *Bulletin de la Société française de Photographie,* avril 1873.

» L'insolation qui s'est produite sur le papier semble se continuer par transmission sur la gélatine colorée; car l'image s'empare de cette gélatine et se l'approprie en la rendant insoluble dans toutes les parties du dessin plus ou moins frappées par la lumière. C'est la couche de gélatine sous-jacente qui est insolubilisée, la couche supérieure est demeurée soluble et se développe directement à l'eau chaude, sans attaquer les couches inférieures restées adhérentes au papier avec tous les tons et demi-tons du dessin, absolument comme si c'était une épreuve à l'argent.

» L'image est obtenue dans son vrai sens avec le même cliché que pour les sels d'argent. Rien de plus simple, de plus pratique, de plus rationnel.... »

M. Marion a ensuite modifié son procédé, auquel il a donné le nom de Mariotypie.

Il prend (¹) comme support un papier faiblement gélatiné, le fait flotter sur un bain de bichromate de potasse à 4 pour 100, et l'expose, une fois sec, à la lumière sous le cliché. Voici la suite de l'opération :

« Choisissant une feuille de papier mixtionné de la nuance que je désire donner à l'épreuve, je la plonge dans un bain de bichromate à 2 pour 100 avec le papier de support impressionné.

» Je les retire ensemble et les applique l'un contre l'autre, en assurant l'adhérence avec la racle en caoutchouc, qui chasse l'excès d'eau et les bulles.

» Je laisse en contact les épreuves légèrement pressées par un poids quelconque et placées entre du buvard, un temps qui varie entre huit et dix heures. Les épreuves mises en contact le soir peuvent être développées le lendemain matin.

» Il est entendu que les épreuves ainsi pressées doivent être toutes de même dimension....

» Sous cette légère pression, il y a continuation d'insolation par transmission ; car, quand on passe au développement de l'épreuve, elle apparaît dans toute sa valeur et dans son vrai sens sur son support.

(¹) *Bulletin de la Société française de Photographie,* mai 1873.

» Le développement s'opère dans l'eau chaude à 40° ou 50°C.

» On aide au dégorgement de la gélatine au moyen d'un blaireau fin, ou mieux encore en laissant l'épreuve tournée la face en bas dans l'eau chaude un temps suffisant pour son parfait nettoyage. C'est le moyen le plus sûr de conserver les demi-teintes du dessin.... »

En même temps, M. Marion indiquait une variante, obtenue par pression et par sensibilisation partielle de la couche mixtionnée :

« On prend une pellicule mariotype D, la même qui sert pour les encres grasses.... Cette pellicule de gélatine est d'un blanc mat, on la sensibilise au bichromate de potasse à 4 pour 100, on sèche et on l'insole sous un positif....

» On fait gonfler dans une solution de bichromate à 2 pour 100 cette pellicule de gélatine insolée....

» On enlève l'excès d'humidité et l'on est prêt pour le tirage au bichromate sur papier mixtionné. On applique donc sous la presse une feuille de papier mixtionné contre le type imbibé de bichromate et on donne la pression.

» On passe alors à la sensibilisation par pression d'une autre feuille de mixtion, après toutefois avoir humecté de nouveau le type avec une éponge imbibée de bichromate.

» On essore avec du buvard et on donne la pression, et ainsi de suite jusqu'à un nombre illimité d'épreuves.

» L'effet qui s'est produit est le même que celui que nous avons déjà indiqué, à savoir : sensibilisation partielle de la mixtion dans ses parties correspondant aux traits du dessin.

» Toutes ces opérations ont dû être faites à l'abri d'un jour trop vif; mais, arrivées à ce point, les épreuves invisibles sont mises pendant quelques minutes dans un lieu éclairé.... »

Cette exposition à la lumière insolubilise la couche mixtionnée dans les parties qui se sont imprégnées de la solution de bichromate. Les épreuves sont alors appliquées, comme dans le procédé ordinaire, sur le support en papier recouvert d'albumine coagulée, et le développement se fait à l'eau chaude vers 40° ou 50°.

« Ce procédé permet d'obtenir en très peu de temps, une heure environ, une cinquantaine d'épreuves au charbon parfaitement égales en valeur.... »

Enfin ([1]), M. Marion supprime l'action de la lumière sur les épreuves mixtionnées en les imprégnant, toujours par pression, non plus de bichromate, mais d'une solution d'alun à 3 pour 100. Pour cela, la pellicule de gélatine insolée est plongée dans cette solution, et s'en imprègne dans les parties qui n'ont pas été impressionnées par la lumière. Placée ensuite en contact avec la couche mixtionnée, sous presse, elle transmet à cette couche la solution d'alun en face de ces endroits. De telle sorte que, en définitive, la gélatine mixtionnée se trouve coagulée par l'alun dans les parties qui correspondent aux clairs de la pellicule type, c'est-à-dire aux noirs du cliché. On obtient ainsi le même résultat que dans la méthode précédente où il y avait imbibition de bichromate, et l'on a une épreuve positive en partant d'un cliché positif.

Il est clair que l'on pourrait substituer à l'alun toute autre substance susceptible de déterminer l'insolubilisation de la gélatine mixtionnée sans toutefois amener ce résultat dans la pellicule gélatineuse qui constitue le type dans ce mode de tirage.

M. Marion fixe la pellicule type sur une planche métallique préalablement recouverte de caoutchouc; lorsque celui-ci est sec, on plonge en même temps dans l'eau froide la planche et la pellicule, on les amène en contact, et l'on fait adhérer avec la raclette; le type ainsi consolidé peut supporter de nombreux tirages.

([1]) *Bulletin de la Société française de Photographie,* juin 1873.

CHAPITRE V.

PROCÉDÉS PAR SAUPOUDRAGE.

Procédé Garnier et Salmon. — Voici comment MM. Garnier et Salmon décrivent (¹) leur procédé par adhérence du noir de fumée sur le citrate de fer que la lumière n'a pas influencé :

« On fait d'une part une dissolution extrêmement épaisse de citrate de fer, et d'autre part on a choisi une feuille de papier satiné bien polie. En troisième lieu, on a à sa disposition un tampon de linge sec et doux.

» On plonge alors ce tampon dans la dissolution de citrate et on le promène rapidement d'abord sur le papier, puis lentement pour égaliser la couche de sel métallique déposée.

» Le papier séché à l'obscurité est ainsi préparé.

» L'image qu'on doit choisir pour faire des positifs sur papier est un cliché positif et le temps d'exposition à la lumière est de huit à dix minutes au soleil, quinze minutes par un ciel clair sans soleil, trente minutes par un ciel un peu sombre.

» Quand on retire le papier de la lumière, l'image apparaît déjà ; mais elle est sans énergie, sans détails suffisants, mauvaise en un mot. Les noirs du cliché ont conservé au citrate sa couleur et ses propriétés primitives qu'on va utiliser.

» Pour ce faire, on a préparé du noir de fumée bien sec et un tampon de ouate, et, en trempant ce tampon dans le noir, on l'a armé, pour ainsi dire. Au lieu de noir de fumée, on aurait pu se servir de mine de plomb en poudre impalpable, de poudre de sel métallique, zinc ou fer, etc., de poudre colorée inaltérable, etc.;

______

(¹) Extrait d'un Mémoire publié dans le *Bulletin de la Société française de Photographie,* août 1858.

si l'on avait opéré sur papier noir, on pourrait se servir de poudre
blanche.

» On se place alors dans un lieu un peu sombre, mais suffisamment éclairé, et on y porte le papier impressionné qu'on colle par
ses angles sur une table ou sur une glace bien polie. On prend la
ouate *armée de noir* et l'on passe légèrement avec elle sur l'image.
Rien ne paraît d'abord ; mais si, pendant que la ouate passe sur le
papier, on souffle avec l'haleine sur celui-ci, le citrate non influencé
s'humecte, le noir en passant s'y attache, les détails apparaissent ;
on souffle encore légèrement, on promène de nouveau la ouate,
détails nouveaux, etc.; on s'arrête quand on a successivement ac-
cusé avec le noir les finesses du dessin, ses teintes, ses plans, etc.

» Il ne reste plus qu'à fixer l'épreuve. Pour cela, il suffit de la
plonger avec précaution dans un bain d'eau ordinaire très propre,
sans poussière à la surface, de dépouiller ainsi tout le citrate de
fer influencé, ou non influencé, qui tapissait la feuille de papier,
et de sécher ensuite. On gomme enfin et l'on vernit suivant le
besoin. L'épreuve est terminée. »

Dans les manipulations devant la Commission du prix de Luynes,
en 1859, MM. Garnier et Salmon, au lieu d'employer le citrate de
fer, font dissoudre 30^{gr} de sucre blanc dans 30^{cc} d'eau, y ajoutent
$^{gr},5$ de bichromate d'ammoniaque; puis jettent dans ce mélange
10^{gr} d'albumine dans laquelle quelques parcelles de bichromate
ont été introduites. Ils exposent à la lumière sous un positif.

Cet usage du bichromate était de nature à faire penser que ce
procédé dérivait, comme beaucoup d'autres, de la méthode générale d'insolubilisation étudiée par Poitevin. Mais les auteurs ont
protesté contre cette confusion et ont fait ressortir que, s'ils employaient dans certains cas le bichromate, c'était parce que, pour
raison hygrométrique, la couche sensible devait varier suivant les
milieux dans lesquels on opère ; le bichromate permet précisément
de faire varier à volonté cette propriété, soit par addition d'albumine pour hâter la dessiccation, soit par addition de miel pour la
ralentir ; le citrate de fer aurait attiré trop rapidement l'humidité
par le temps couvert qui existait au moment de l'expérience devant
la Commission.

MM. Garnier et Salmon ont fait remarquer aussi qu'ils employaient un positif, tandis que Poitevin se servait toujours d'un négatif dans son procédé au bichromate; cette différence est une conséquence de la différence même des deux méthodes : dans le procédé Poitevin, la matière colorante est retenue par insolubilisation de la matière organique dans les parties frappées par la lumière; dans le procédé Garnier et Salmon, ce sont au contraire les parties protégées de la lumière qui fixent la poudre colorée, et cela par un autre mécanisme.

Le moyen trouvé par MM. Garnier et Salmon offre donc un intérêt particulier, et précède même le procédé aux poudres de Poitevin (1860) reposant sur l'usage du perchlorure de fer et de l'acide tartrique.

Procédé de Poitevin. — « Ce fut (¹) en me livrant à l'étude du procédé d'impression au gallate de fer (encre ordinaire), et en me servant de l'action de la lumière sur le mélange de perchlorure de fer et d'acide tartrique, que je remarquai que le papier, qui d'abord était devenu imperméable à l'eau après avoir été recouvert du mélange sensible et laissé sécher dans l'obscurité, redevenait perméable à l'eau seulement dans les endroits frappés par la lumière....

» Je pensai au parti que je pourrais tirer de l'observation toute nouvelle que je venais de faire, pour fixer les encres grasses et les couleurs en poudre.

» Cette réaction se produisant sur le papier était peu utilisable; mais, en préparant avec ma dissolution de perchlorure de fer et d'acide tartrique des surfaces de verre dépoli, je vis le même fait se produire, et alors avec une perfection extrême. Je l'utilisai aussitôt (28 mai 1860). Je fis quatre épreuves, la première en poudre de bleu minéral; je constatai une adhérence très régulière aux parties influencées, et surtout proportionnelle à l'intensité de l'impression lumineuse; la deuxième épreuve fut faite avec du noir d'ivoire, la troisième avec du noir de fumée, et enfin la qua-

---

(¹) Poitevin (A.), *Traité des impressions photographiques*, avec Appendices par M Léon Vidal. 2ᵉ édition. In-18 jésus; 1883 (Paris, Gauthier-Villars).

trième, qui réussit le mieux, avec de la poudre de plombagine. Je me mis depuis lors à travailler sérieusement ce nouveau procédé.

» Le 11 juin suivant, je déposai à ce sujet un paquet cacheté à l'Académie des Sciences, et, le 28, je demandai à la Préfecture de la Seine un brevet qui me fut délivré le 10 août suivant.

» Le 28 juillet, je présentai à la Société française de Photographie des spécimens de ce nouveau mode d'impression, et, le 2 octobre, j'en faisais la description complète à cette Société.

» Depuis (¹), M. Dumas m'a fait l'honneur de présenter en mon nom, à l'Académie des Sciences, un Mémoire à ce sujet, avec des spécimens sur papier et vitrifiés. »

Le résultat de l'observation d'un simple détail d'expérience, que Poitevin avait su recueillir et développer, donnait ainsi naissance à un procédé complet et important. Nous en trouvons l'exposé, après perfectionnement, dans le *Bulletin de la Société française de Photographie,* mai 1861 :

« Les nouvelles épreuves que j'ai présentées à la Société ont été obtenues, dans ces derniers temps, par le procédé d'impression au charbon que j'ai eu l'honneur de lui communiquer au mois de novembre de l'année dernière, procédé pour lequel j'emploie un mélange de perchlorure de fer et d'acide tartrique, qui a la propriété de devenir hygroscopique par l'action de la lumière.

» Depuis cette communication, je me suis appliqué à perfectionner mon mode d'opérer et à produire des blancs purs dont mes premières épreuves manquaient, ce qui dépendait surtout du noir en poudre que j'employais alors. Voici d'ailleurs les méthodes que j'emploie et les observations que j'ai faites depuis ; leur description pourra, je l'espère, suffire aux amateurs qui désireraient expérimenter et appliquer pour leur propre usage cette impression photographique aussi simple que peu dispendieuse.

» Pour préparer le liquide sensibilisateur, je dissous séparément, et chacun dans 30ᶜᶜ d'eau ordinaire, 10ᵍʳ de perchlorure de fer du

---

commerce et 5^{gr} d'acide tartrique ; je filtre chaque solution, je les mélange ensuite, et j'y ajoute alors assez d'eau ordinaire pour avoir un volume total de 100^{cc}. Cette dissolution étant conservée à l'abri de la lumière ne s'altère pas, et elle reste bonne jusqu'à son épuisement. On ne pourrait ajouter la dissolution d'acide tartrique à celle de perchlorure de fer avant filtration de cette dernière, parce que le perchlorure du commerce n'est jamais entièrement soluble, qu'il donne un dépôt de sesquioxyde de fer que l'acide tartrique dissout en fournissant un corps nuisible dans l'opération.

» J'opère de préférence sur des verres dépolis très fins que l'on nomme *doucis* dans le commerce ; la surface en étant bien nettoyée, à la potasse, si elle était grasse, puis à l'eau acidulée par de l'acide chlorhydrique, je la lave à l'eau ordinaire et l'essuie avec un linge, j'y passe un blaireau pour enlever les poussières, puis je verse dessus le liquide précité que j'étends au moyen d'un triangle en verre ou bien d'un pinceau ; je fais écouler l'excès du liquide et j'applique sur deux côtés opposés deux bandelettes de papier buvard, qui ont pour objet d'égaliser la couche de liquide qui se trouve sur le verre. Celui-ci, ainsi recouvert, est placé dans un endroit obscur et sec, sous une inclinaison de 45° environ, et je l'abandonne à une dessiccation spontanée pendant douze heures au moins. On pourrait, pour opérer plus rapidement, se servir d'une étuve. Quelle que soit la manière que l'on ait employée pour opérer cette dessiccation, la surface doit être parfaitement sèche lors de son impression ; d'ailleurs, elle reste bonne pour l'usage pendant des mois entiers, pourvu qu'on conserve les plaques de verre préparées dans des boîtes à l'abri de la lumière et des poussières.

» L'impression a lieu par contact à travers le négatif qui doit être bien verni au copal, tout vernis gras ou gommeux étant nuisible. L'exposition à la lumière peut être de cinq minutes au soleil pour un cliché bien harmonieux et sans opposition de noirs et de clairs ; cette exposition varie selon l'intensité du cliché et la quantité de lumière. On peut d'ailleurs suivre la réaction, parce que la lumière décolore la couche, qui de jaune devient brun clair. Il vaut mieux pécher par un excès de pose qu'autrement, parce que l'on est toujours, jusqu'à un certain point, maître de la venue de l'épreuve lors de son développement ultérieur au moyen des poudres de charbon ou autres.

» Au sortir du châssis on peut mettre les plaques dans des boîtes, si l'on ne veut pas les terminer immédiatement, ou bien les laisser prendre dans l'obscurité la température ambiante ; alors l'humidité de l'air se porte sur les parties insolées, tandis que les autres restent parfaitement sèches. Alors, avec un blaireau très doux, j'y applique la poudre de charbon ; l'épreuve apparaît aussitôt en noir, et, à chaque passage d'une nouvelle quantité de noir, elle monte de ton, et je m'arrête lorsque je la juge suffisamment intense, ce dont je m'assure en plaçant la glace sur une feuille de papier blanc, le côté portant l'image en contact avec la feuille. Ce développement peut être interrompu et repris à volonté. Je l'effectue dans une chambre peu éclairée, l'obscurité n'étant pas indispensable. Lorsque l'épreuve est venue en noir, on peut y donner le ton que l'on désire au moyen d'une autre couleur en poudre qui se superpose au noir et se marie parfaitement avec lui. Si la plaque était parfaitement sèche avant l'impression, les parties non insolées refusent très bien le noir, mais il y adhère cependant une très faible quantité de poudre qui rendrait l'épreuve grise et lui ôterait toute la fraîcheur et le piquant que l'on recherche. Dans ces derniers temps j'ai imaginé, pour obvier à cet inconvénient, un tour de main très efficace et qui est aussi heureux pour ce procédé que l'a été celui que M. Fargier a su apporter au premier procédé d'impression au charbon que j'avais fait connaître en 1855 et qui est basé sur l'emploi du charbon mélangé avec les matières organiques bichromatées. Le tour de main que j'ai imaginé, et qui me permet d'avoir des blancs aussi purs qu'on peut le désirer, consiste à soumettre l'épreuve entièrement venue sur le verre dépoli à un lavage, non pas avec un liquide, mais au moyen d'une poudre sèche et inerte, que l'on promène à la surface au moyen d'un tampon de coton ; du verre blanc pilé très fin ou simplement du sable de Fontainebleau tamisé sont très bons. Les petits grains de cette poudre enlèvent parfaitement les particules de pulvérin qui grisonnent les blancs et les demi-teintes. Après ce lavage, on pourrait encore remettre du noir, si l'on jugeait l'épreuve trop faible, quitte à laver à nouveau, et ainsi de suite.

» Comme je l'ai annoncé déjà, je reporte cette image du verre sur du papier gélatiné ou gommé avec la plus grande facilité, en la recouvrant de collodion normal et assez fluide, lavant à l'eau ordinaire, puis à l'eau acidulée d'acide chlorhydrique, et à nouveau à l'eau ordinaire, et y appliquant la feuille mouillée. Celle-ci se détache après une dessiccation spontanée en emportant la couche de collodion, qui elle-même entraîne le charbon.

» Avec un négatif ordinaire, c'est-à-dire renversé, on aura ainsi une image positive en sens inverse de l'original; si l'on tient à l'avoir dans le véritable sens, il faudra se servir, comme je le fais pour l'impression photolithographique, d'un négatif redressé. Autrement, je fais un double report de papier à papier, c'est-à-dire que j'enlève d'abord l'image qui se trouve sur le verre, avec un papier non gélatiné et seulement mouillé, et que de celui-ci je la reporte sur une feuille de papier gélatiné ou gommé; ces opérations se font avec la plus grande facilité, le collodion n'adhérant que très faiblement au verre. Avec du collodion de bonne qualité, c'est-à-dire assez tenace, je ne manque jamais un enlevage; j'opère d'ailleurs très rapidement.

» Il est important de fixer à la gomme ou au vernis l'épreuve obtenue sur papier, surtout lorsqu'il n'y a eu qu'un enlevage simple; car alors la poudre de charbon se trouve à la surface; le vernissage n'est pas aussi nécessaire lorsque l'on a fait un double report, parce que dans ce cas la matière colorante se trouve entre le collodion et le papier.

» Je le répète, ce procédé est très sûr; il est peu dispendieux, les matières premières étant peu chères et les verres dépolis pouvant servir indéfiniment; de plus, il a le grand avantage de permettre une préparation de glaces longtemps à l'avance, ce que l'on ne pourrait faire lorsque l'on opère avec les matières organiques bichromatées, qui ne peuvent se conserver impressionnables plusieurs jours après leur préparation. On ne finit également que les bonnes épreuves, puisque l'on peut à chaque instant juger de la réussite de l'opération; et la partie la plus dispendieuse du procédé, c'est-à-dire la couche du collodion et le papier gélatiné ne venant qu'en dernier lieu, on sera maître de les employer ou non en finissant l'épreuve. »

Application du transport au procédé Garnier et Salmon, par Obernetter ([¹]). — « *Citrate de fer.* — On sature exactement avec de l'oxyde de fer hydraté ou du carbonate récemment précipités et bien lavés, une solution d'acide citrique, on filtre la solution et l'on évapore au bain-marie.

» *Fiel de bœuf.* — On prend du fiel de bœuf frais, on l'étend d'un égal volume d'eau, on passe à travers une chausse, et l'on évapore au bain-marie, en agitant constamment jusqu'à dessiccation complète.

» Le procédé est ensuite conduit de la manière suivante : on dissout, à l'ébullition, dans 3 onces $\frac{1}{2}$ (108^{cc}) d'eau 82 grains ($5^{gr},305$) de citrate de fer, 66 grains ($4^{gr},270$) de fiel de bœuf sec, et l'on ajoute 143 gouttes (environ 3^{cc}) d'acide nitrique. Lorsque la dissolution est complète, on l'agite avec du charbon animal dans la proportion de 2^{gr} à 3^{gr} environ pour la quantité de liquide ci-dessus, puis on filtre dans un verre propre. On recouvre de cette solution une glace bien propre, en opérant comme s'il s'agissait de collodion, puis on laisse sécher dans une étuve, où la glace est placée un peu obliquement, et où la température ne dépasse pas $120°$ Fahrenheit ($49°$ C.). Ainsi préparées, les glaces peuvent, sans subir aucune altération, se conserver pendant plusieurs semaines, pourvu qu'elles soient maintenues à l'obscurité.

» Les glaces sèches sont exposées sous un cliché à la manière ordinaire ; le temps de pose est le même que pour les épreuves sur papier albuminé. Après l'exposition, les couches insolées peuvent être encore conservées pendant quelque temps, sans s'altérer, mais la conservation doit avoir lieu à l'abri de la lumière.

» L'image formée sur le côté préparé est alors saupoudrée, mais, avant de procéder à cette opération, il faut la mouiller légèrement en y promenant l'haleine, puis la sécher sur une plaque chaude.

» Le saupoudrage s'opère, soit en appliquant avec une brosse du noir de fumée ou toute autre couleur sèche et finement pulvérisée, soit en projetant la matière colorée sur la couche et promenant ensuite la brosse à la surface. L'image apparaît en quelques

---

([¹]) *Bulletin de la Société française de Photographie,* septembre 1864, d'après *Photographisches Monatshefte.*

secondes. Lorsqu'elle est devenue assez vigoureuse, on chauffe la glace légèrement, et l'on enlève tout l'excès de matière colorée avec une brosse qui n'ait pas servi au saupoudrage. On fait disparaître ainsi un voile qui s'était formé dans les premiers moments.

» Quand l'image est bien sortie, on y projette l'haleine de nouveau, afin de faire adhérer complètement la poudre colorée, puis, lorsque l'humidité ainsi produite à la surface s'est naturellement dissipée, on recouvre la couche d'une solution formée de 1 partie de gutta-percha dans 4 parties de chloroforme et on laisse sécher.

» Le transport de l'épreuve sur le papier a lieu à la manière ordinaire. On mouille le dos du papier avec de l'eau tiède, on recouvre sa face de gélatine, et l'on couche le papier gélatiné sur l'image. En quelques minutes l'adhérence se produit et l'on relève le papier avec l'épreuve qui s'y trouve collée.

» On laisse sécher, puis on lave avec de l'eau contenant de l'acide oxalique, et l'on enlève ainsi la coloration jaune des lumières. Un léger vernis donne enfin à l'épreuve un éclat agréable. »

CHAPITRE VI.

PROCÉDÉ PAR SOLUBILISATION.

La remarque de Fargier sur le mode d'action de la lumière dans l'insolubilisation de la gélatine bichromatée avait donné naissance aux différents procédés par impression à l'envers et par simple ou double transport. Poitevin a trouvé une autre solution : il fait servir la lumière, non plus à insolubiliser une matière soluble, mais, au contraire, à rendre soluble un composé insoluble. Il indique, comme il suit, le détail du procédé (¹) :

« Le premier principe, celui que j'ai le plus suivi jusqu'à ce jour, repose sur une réaction connue, l'insolubilité communiquée aux matières organiques, gomme, albumine, gélatine, etc., par les sels de fer au maximum et analogues, le perchlorure de fer par exemple, et sur un fait nouveau que j'ai observé, c'est que cette matière coagulée et rendue insoluble dans l'eau froide ou chaude, *redevient soluble sous l'influence de la lumière,* en présence de l'acide tartrique qui, réduisant le composé ferrique, rend à la matière organique son état naturel. La gélatine est la substance dont l'emploi m'a le mieux réussi. Voici ma manière d'opérer : j'en fais fondre 5ᵍʳ à 6ᵍʳ dans 100ᶜᶜ d'eau et j'y ajoute une quantité suffisante de noir de charbon ou de toute autre couleur inerte, pour obtenir l'intensité de ton que je désire produire; je verse cette dissolution dans une cuvette à fond bien plat, et entretenue à une douce température, pour que la gélatine ne se fige pas. Chaque feuille de papier est appliquée d'un seul côté sur cette dissolution, et une couche uniforme de gélatine colorée s'y applique; je la pose ensuite sur une surface horizontale, la partie

(¹) *Bulletin de la Société française de Photographie,* février 1863.

colorée en dessus, et je l'y laisse sécher spontanément. Pour sensibiliser ces feuilles, je les imprègne des deux côtés de dissolution de perchlorure de fer et d'acide tartrique, faite dans la proportion de 3 à 1; 10^{gr} de perchlorure pour 100^{cc} d'eau et 3^{gr} d'acide tartrique étant les quantités qui m'ont paru les plus convenables. Je laisse sécher ces feuilles ainsi préparées dans l'obscurité; alors la couche de gélatine est devenue complètement insoluble, même dans l'eau bouillante. J'impressionne ces surfaces à travers un positif sur verre ou sur papier, et, dans tous les endroits où la lumière agit, la couche redevient soluble dans l'eau chaude; cette solubilité partant de la surface, bien entendu. Après quelques minutes d'exposition au soleil, si le cliché positif n'est pas très intense, ce qui est préférable pour ce genre d'impression, je retire la feuille de la presse, et je la plonge dans un bain d'eau chaude; alors toutes les parties qui ont été modifiées par la lumière se dissolvent, et cela en proportion de la lumière qui aura traversé chaque partie du cliché positif. Dans les parties correspondantes aux clairs de l'écran, la couche noire ou colorée se dissoudra jusqu'à la surface même du papier, et en laissera voir le blanc parfait, tandis que dans les demi-teintes une partie seulement de la couche s'en va en partant de la surface, et ces demi-teintes seront rendues sur une épaisseur plus ou moins forte de la couche de gélatine restée insoluble; et comme cette partie est en contact immédiat avec le papier, elle ne peut être entraînée par le lavage : quant aux parties complètement noires de l'écran, elles seront rendues par l'épaisseur elle-même de la couche primitive. Pour terminer l'épreuve, il suffit de la laisser sécher ou seulement ressuyer, de la traiter par de l'eau aiguisée d'acide chlorhydrique, qui enlèvera la teinte du sel de fer, puis de la laver à grande eau et de la laisser à nouveau sécher spontanément; elle est inaltérable, mais un tannage de la gélatine effectué par les moyens connus, alun, bichlorure de mercure, etc., lui donnera encore plus de solidité. Avant ce fixage, on peut faire des blancs où l'on pourrait le désirer, au moyen d'un pinceau trempé dans de l'eau chaude.

» Dans ce procédé, on ne rencontre pas l'écueil qui se présentait dans celui que j'avais proposé en 1855, où j'employais une couche de gélatine additionnée de noir et d'un bichromate alcalin, et que j'impressionnais à travers un négatif, car alors, la gélatine étant rendue insoluble par la lumière à partir de la surface, les demi-teintes s'en allaient au lavage, minées en dessous par une portion de la couche restée soluble. La méthode que je propose aujourd'hui n'a plus cet inconvénient, et, pour obtenir par ce moyen des épreuves parfaites, il ne faut que du papier convenable, c'est-à-dire d'une surface lisse, recouvert d'une couche colorée d'une épaisseur bien régulière, et qu'il sera très facile de réaliser en pratique. Les épreuves que je présente n'ont pas été obtenues dans ces bonnes conditions, c'est pourquoi elles ne doivent être considérées que comme les produits d'une réaction nouvelle et les débuts d'un procédé.

» Quant au second principe, il n'est qu'une application nouvelle d'une réaction connue, la coagulation d'une matière organique en dissolution par un acide végétal ou un sel de fer. Voici en quoi il consiste : le papier imprégné de perchlorure de fer et d'acide tartrique dissous dans les proportions indiquées par mon mode d'impression sur verre, ayant été exposé à la lumière à travers un cliché positif, jouit de la propriété, dans toutes les parties qui n'ont pas été insolées, de précipiter à sa surface de la caséine en dissolution (celle du lait, par exemple). Je mêle donc de la couleur en poudre à une dissolution de caséine, d'albumine, etc.; j'y plonge le papier impressionné et une couche plus ou moins épaisse se forme sur les parties non insolées et proportionnellement aux noirs et aux demi-teintes de l'écran; si l'on remplace la caséine par de la gélatine, celle-ci se porte sur les parties insolées : dans l'un et l'autre cas, la matière organique entraîne avec elle une certaine quantité de couleur, la maintient emprisonnée et forme le dessin. Je reviendrai d'ailleurs plus tard sur cette réaction si facile à préparer, et je montre une épreuve ainsi obtenue. »

On obtient ainsi un positif en partant d'un positif; en particulier, cette méthode donne un moyen de copier directement les dessins.

Fargier a proposé, en le modifiant, ce procédé de Poitevin ([1]).

([1]) *Bulletin de la Société française de Photographie,* avril 1874.

Celui-ci employait le perchlorure de fer et l'acide tartrique; Fargier se sert de perchlorure de fer, 5^{gr}, et d'acide tartrique, 5^{gr}, pour 100^{cc} d'eau, fait flotter le papier sur ce bain, le sèche et l'expose à la lumière sous le cliché. Il l'applique ensuite sur un bain de gélatine ou de gomme et de matière colorante, auquel il a ajouté une petite quantité de bichromate. Puis il lave à l'eau tiède, s'il s'agit de gélatine, ou à l'eau froide, s'il s'agit de gomme.

L'acide citrique accélère l'effet et ménage les blancs.

Quant au bichromate, qu'il faut ajouter à raison d'une goutte de solution concentrée par centimètre cube de gélatine colorée, il a pour but de consolider la couche pendant les lavages. La lumière réduit le perchlorure de fer en protochlorure, qui réduit le bichromate et insolubilise la matière organique.

CHAPITRE VII.

PAPIERS ACTUELS A BASE DE BICHROMATE, A IMPRESSION DIRECTE.

L'application du principe d'après lequel l'épreuve au charbon bichromatée doit être développée du côté opposé à celui qui a reçu l'impression lumineuse ménage les demi-teintes et donne de très beaux résultats. Mais les manipulations sont plus délicates, plus compliquées, plus longues, que dans le cas de l'impression directe. Aussi tend-on aujourd'hui à simplifier les opérations en cherchant une adaptation de la couche sensible à cette impression directe; on y est déjà parvenu par l'emploi de la gomme bichromatée, et surtout grâce au papier charbon-velours d'Artigue, au sujet desquels nous allons donner des indications fondamentales, après avoir exposé d'abord ce qui concerne la reproduction simple de dessins au trait.

Reproduction du trait. — Un premier papier Artigue, spécial pour le trait, est recouvert d'un enduit de gomme et de gélatine dans lequel a été incorporé du noir de fumée; quelques jours avant l'emploi, on le badigeonne à l'envers au moyen d'un blaireau imprégné de bichromate; le liquide pénètre dans la pâte du papier et sensibilise la couche colorée.

J'ai indiqué (¹) en 1888 deux procédés très simples pour préparer un papier propre au trait suivant le principe de Poitevin.

(¹) COLSON (R.), *Procédés de reproduction des dessins par la lumière.* In-18 jésus; 1888 (Paris, Gauthier-Villars et fils).

Dans le premier, je mélange :

Eau 100ᶜᶜ
Gomme arabique 8ᵍʳ
Noir de fumée................................ 2ᵍʳ environ

en écrasant le noir et le délayant dans l'eau gommée sur une lame de verre au moyen d'une spatule plate, de manière à former une pâte bien homogène, qui est versée dans un verre. On y ajoute volume égal d'une dissolution de bichromate de potasse à saturation et l'on brasse le mélange.

La feuille de papier, qui peut être quelconque, est mouillée, collée par ses bords sur une planche à dessin, et séchée. On y passe ensuite avec un blaireau une dissolution étendue de gomme, environ à 10 pour 100, qui a pour but de compléter l'encollage du papier et d'empêcher les grains de charbon de pénétrer dans les fibres du papier, ce qui grisonnerait le fond.

On laisse sécher, et l'on étend le mélange coloré sensible avec un blaireau en cherchant à uniformiser la teinte; la dessiccation a lieu dans l'obscurité.

Après l'exposition, le développement se fait à l'eau froide; le blaireau ou un pinceau doux sert à débarrasser les blancs.

Dans l'autre procédé, dont je me suis aussi servi, la couche sensible n'est plus formée que d'une solution gommée à 15 pour 100 environ mélangée à un volume égal d'une solution saturée de bichromate; on étend au blaireau sur le papier. Après l'exposition, dont on peut suivre facilement les progrès, puisqu'ici le noir n'a pas été mélangé à la couche, on frotte toute la surface avec un tampon soit imprégné de plombagine à sec, soit imbibé d'encre lithographique.

Il suffit de plonger ensuite la feuille dans l'eau froide; les parties non impressionnées se dissolvent en entraînant le noir qui les recouvre.

Reproduction des demi-teintes par la gomme bichromatée. — La gomme bichromatée, mélangée avec la matière colorante, peut aussi servir à la reproduction des demi-teintes; mais il faut, pour cela, que la couche adhère au papier soit directement, soit par par l'intermédiaire d'un encollage additionnel insoluble dans l'eau froide, en gélatine, par exemple; cet intermédiaire empêche les particules de charbon de rester fixées dans les fibres du papier et de salir le fond. De plus, la couche sensible doit être très mince, de sorte que la lumière puisse la traverser et l'insolubiliser en dessous, même dans les demi-teintes.

Le mélange que j'ai indiqué plus haut est encore utilisable ici, à la condition d'être filtré au travers d'une flanelle. Seulement l'encollage additionnel à la gomme ne convient plus, car il se dissoudrait au développement partout où la lumière n'a pas exercé le maximum d'effet, et entraînerait toutes les demi-teintes.

Les précautions à prendre dans l'emploi du charbon et des pigments et les indications relatives à l'usage du bichromate ainsi qu'à la conservation des papiers sensibilisés sont les mêmes que celles qui ont été exposées dans les trois premiers Chapitres; on y trouvera des renseignements applicables à la gomme bichromatée, avec la nécessité d'observer deux points essentiels : encollage suffisant du papier pour protéger les blancs, et faible épaisseur de la couche colorée sensible.

D'après M. Demachy ([1]), une solution d'acide citrique à 10 ou 15 pour 100, mélangée à volume égal avec une solution saturée de gomme, facilite la reproduction des demi-teintes.

Papier charbon-velours. — Ce nom a été donné au nouveau papier présenté par M. Artigue à l'occasion de l'Exposition de 1889, en raison de l'aspect velouté et profond des noirs, que fait encore ressortir l'éclat pur et nacré des blancs.

C'est un papier à impression directe, dans lequel la couche colorée est formée d'un agglutinant dont l'inventeur garde la composition secrète; la sensibilisation n'a lieu qu'au moment de l'emploi, de préférence la veille.

Cette sensibilisation se fait soit en étendant sur le dos du papier une solution de bichromate de potasse à 5 pour 100, au moyen

---

([1]) *Bulletin de la Société française de Photographie,* 15 janvier 1896.

d'un pinceau plat, soit, comme l'a indiqué M. de Saint-Senoch ([1]), en plongeant toute la feuille dans une solution à 2 $\frac{1}{2}$ pour 100 pendant deux minutes environ. Dans le premier cas, il faut laisser au papier le temps de s'imprégner complètement. Puis, on suspend pour faire sécher.

Après exposition à la lumière, qui s'opère comme il a été indiqué à propos des papiers au charbon à base de bichromate, le développement s'exécute de la façon suivante.

On met de la sciure de bois dans deux récipients contenant de l'eau chaude, à raison de 120^{gr} environ de sciure par litre d'eau; l'un doit avoir une température constante de 27°, l'autre de 20° au maximum. On plonge rapidement l'épreuve, la partie colorée en dessus, dans de l'eau froide, et on la retire aussitôt pour la disposer et la fixer sur un plan incliné, par exemple sur une lame de verre. Puis, au moyen d'un instrument quelconque muni d'un orifice d'écoulement, comme une cafetière, on verse sur sa surface, en forme de nappe, le mélange à 27°. L'action de l'eau chaude, aidée du léger frottement produit par la sciure, dépouille peu à peu l'image.

On arrête lorsqu'on s'aperçoit que les parties claires s'affaiblissent trop; on termine alors par le deuxième mélange à température moins élevée.

Si l'image devient dure dans le premier dépouillement, on passe de suite au mélange froid; c'est le cas de la surexposition.

Une exposition trop courte tend, au contraire, à donner des images grises; il faut alors hâter le développement en poussant la température à 28° ou 29° et recourir au bain froid dès que les blancs se dépouillent.

On peut encore remplacer le mélange chaud par un bain d'eau ordinaire à 29°, dans lequel on plonge l'épreuve au sortir du châssis.

L'image apparaît au bout de quelques minutes et se termine avec le mélange froid.

On lave ensuite à froid, on laisse dégorger, et l'on sèche.

([1]) *Bulletin de la Société française de Photographie,* 4 mai 1894.

Ce papier donne des résultats très artistiques.

En 1895, M. Cousin (¹) a présenté des épreuves tirées sur un papier analogue, préparé par lui. Il sensibilise par immersion dans un bain de bichromate d'ammoniaque à 3 pour 100. Après exposition à la lumière, il dégorge d'abord dans l'eau froide, puis plonge dans une solution *froide* de sulfocyanure d'ammonium à 5 ou 10 pour 100, ou de carbonate d'ammoniaque; il termine le dépouillement à la sciure. La même solution de sulfocyanure peut servir très longtemps, et l'on n'a pas à surveiller la température du développement comme il est nécessaire de le faire dans la méthode précédente.

______

(¹) *Bulletin de la Société française de Photographie*, 7 juin 1895.

FIN.

TABLE DES MATIÈRES.

C. 6

CHAPITRE IV.

Mariotypie.

CHAPITRE V.

Procédés par saupoudrage.

CHAPITRE VI.

Procédé par solubilisation.

CHAPITRE VII.

Papiers actuels à base de bichromate, à impression directe.

FIN DE LA TABLE DES MATIÈRES.

5923 B. Paris. — Imp. Gauthier-Villars et fils, 55, quai des Grands-Augustins.